코딩책과 함께 보는

인공지능
개념 사전

코딩책과 함께 보는

인공지능
개념 사전

최소한의 수학과
최대한의 그림으로 설명하는
나의 첫 인공지능 책

김현정 지음 | 정유채 감수

궁리
KungRee

감수의 글

✿

인터넷의 발달과 빅데이터의 등장 그리고 하드웨어 기술의 발전은 인공지능 기술 발전에 큰 진보를 가져왔습니다. 양치기 소년으로 치부되었던 과거와 달리 최근의 인공지능 기술은 교육, 헬스케어, 교통, 제조업 등 산업 전반에 걸쳐 디지털 혁신을 불어넣는 촉진제가 되었고, 비대면 교육, 원격진료, 자율주행 자동차, 스마트 팩토리 등 다양한 형태로 우리 사회를 변화시키는 주역이 되고 있습니다.

인공지능 기술이 우리 생활에 없어서는 안 될 핵심 기술로 자리매김함에 따라 인공지능 교육에 대한 관심도 높아지고 있습니다. 정부에서는 인공지능 기술 확산에 다양한 정책을 펼치고 있고, 2025년부터 인공지능 교육을 초중고 교육과정에 도입할 계획입니다.

많은 사람들이 이런 트렌드를 인지하고 인공지능 공부를 본격적으로 시작해보지만, 복잡한 수식과 어려운 용어들로 가득 찬 인공지능 설명에 그만 난관을 경험하곤 합니다. 이런 상황을 충분히 이해하기 때문에 저는 이 책을 여러분에게 소개하고자 합니다. 최소한의 수학과 다양한 그림으로 가득 찬 이 책이 여러분을 인공지능의 세계로 친절히 안내할 것이기 때문입니다.

이 책은 인공지능 개념과 코딩을 경험해볼 수 있도록 2개 파트로 구성되어 있습니다. 첫 번째 파트에서는 인공지능, 머신러닝, 딥러닝의 개념을 설명하고, 우리 생활에서 접할 수 있는 인공지능 기술들을 공유하고 있습니다. 아울러 대표적인 기계학습 알고리즘뿐만 아니라 최근 대세가 된 심층신경망과 딥러닝에 대해서도 다루고 있습니다. 두 번째 파트에서는 프로그래밍에 익숙하지 않은 초보자도 딥러닝 코딩을 경험하도록 실습을 제공하고 있어 첫 번째 파트에서 배운 이론을 코딩으로 적용해볼 수 있습니다.

이 책은 컴퓨터를 전공하지 않은 비전공자들도 활용할 수 있는 입문서로, 이론뿐만 아니라 실습을 통해 인공지능 기술을 폭넓게 공부할 수 있는 장점이 있습니다. 또한, 이 책을 통해 인공지능 개념을 쉽게 이해할 수 있고, 코딩을 통해 인공지능 기술을 경험할 수 있도록 구성되어 있기 때문에 인공지능 공부를 시작하는 모든 분들에게 큰 도움이 될 것으로 기대합니다.

2021년 9월
KAIST 전산학부 겸직 교수 정유채

들어가며

✿

자연 혹은 천연의 반대말이기도 한 '인공'이라는 용어는 인간이 자연적인 것을 모방하여 인위적으로 만들 때 사용하는데요. 인공향료, 인공색소, 인공호수가 그 예이지요.

인공지능은 인간의 지능적인 행동을 모방하여 기계가 주어진 작업을 수행하도록 만들어진 인위적인 지능을 말합니다. 그동안 자연의 것을 흉내내기 위해 많은 시도가 있어왔습니다. 물론 컴퓨터도 예외는 아니었습니다. 컴퓨터가 인간처럼 생각하고 인간처럼 행동하길 바라며 컴퓨터에게 학습능력을 심어준 것을 보면요.

컴퓨터의 학습능력은 우리 사회에 엄청난 파급력을 가져왔습니다. 미국의 '제퍼디 퀴즈쇼'에서 74회 연속 우승을 차지해 신화가 된 인물 켄 제닝스를 인공지능인 IBM 왓슨이 이겼고, 세계 최고 바둑기사 이세돌을 알파고가 이겼던 사례를 보면 알 수 있습니다.

2016년 마이크로소프트(MS) 회사의 인공지능 채팅 로봇인 '테이'가 학습의 결과로 "대량학살에 찬성한다"라고 표현했던 사건은 우리에게 인공지능의 위험성을 일깨워주기도 했습니다.

7

4차 산업혁명의 기술을 중심으로 세상이 변화하고 있습니다. 미래학자들은 인공지능을 잘 활용하는 사람이 기회를 얻을 수 있다고 말합니다. 그렇기 때문에 우리 스스로가 인공지능과 어떻게 공존할지, 그리고 인공지능을 어떻게 활용해야 하는지를 고민해볼 필요가 있습니다.

인공지능을 중심으로 변화하는 4차 산업혁명시대에 우리는 인공지능에 대한 이해가 필요합니다. 과거에는 컴퓨터를 활용해 업무를 수행했다면, 앞으로는 인공지능을 활용해 업무를 수행할 시대가 본격화될 것이기 때문이지요.

인공지능 공부에 대한 첫발을 내딛는 것은 참 어려운 일입니다. 복잡한 수식으로 가득 찬 인공지능 책을 보면 더더욱 그렇지요. 인공지능을 더 잘 이해하기 위해서 수학이 필요한 것은 사실이지만 인공지능을 활용하는 입장에서 반드시 수학을 중심으로 인공지능을 공부할 필요는 없습니다. 인공지능의 기본 개념만 제대로 알면 텐서플로우, 파이토치 등 오픈 플랫폼을 활용하는 데 어려움이 없기 때문이지요.

코딩은 소프트웨어 기술을 활용하는 과정이기 때문에 수학적 배경보다는 개념을 정확히 이해하는 것이 중요합니다. 이런 이유에서 수학을 최소화하고 그림을 최대로 활용한 인공지능 입문책을 쓰기로 마음 먹었습니다.

이 책은 2개의 파트로 구성되어 있습니다. 첫 번째 파트에서는 인공지능의 개념을 오롯이 담았습니다. 인공지능 연구의 역사와 스팸필터, 챗봇, 넷플릭스 등 우리 삶에서의 인공지능을 공유하였습니다. 나아가 인공지능을 가능하게 하는 학습 알고리즘을 소개하고, 퍼셉트론, 오차역전파법, 과대적합, 옵티마이저, 규제화 등 딥러닝에서 꼭 알아야 할 개념들을 담았습니다.

두 번째 파트에서는 구글에서 공개한 텐서플로우 강의를 활용해 딥러닝을 위한 코딩을 설명하고 있습니다. 텐서플로우는 딥러닝을 위한 오픈 플랫폼으로, 모델 생성, 훈련, 평가 등의 과정을 위한 방대한 라이브러리를 제공하고 있습니다. 인공지능을 입문하는 사람이라면 꼭 한번 경험해야 할 플랫폼이지요.

그동안 코딩을 하며 사용하지 않았던 '학습'이라는 단어가 인공지능 분야에서는 빠져서는 안 될 중요한 키워드가 되었습니다. 그럼, 컴퓨터에겐 학습이라는 것은 무슨 의미일까요? 학습 알고리즘은 무엇이고요? 그런데 왜 인공지능이 필요한 걸까요? 지금까지 인공지능이 없어도 큰 불편 없이 살아왔는데 세상이 왜 이렇게 요란해진 걸까요? 여러분이 이런 궁금증을 가지셨다면 이 책과 함께 인공지능의 긴 여정을 함께 떠나야 할 시간이 된 것 같습니다.

바쁘신 가운데 이 책을 감수해주신 정유채 교수님께 진심으로 감사드리고, 원고의 완성도를 위해 함께 검토해주신 임채균, 김종명 연구원께도 감사의 마음을 전합니다.

2021년 9월
김현정

차례

⚙

PART 1
인공지능, 머신러닝 그리고 딥러닝

1장 인공지능이란 ·· **17**

2장 우리 삶에서의 인공지능 ·· **31**

3장 기계가 학습하는 것, 머신러닝 ·· **49**

PART 2
딥러닝을 위한 코딩

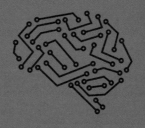

· PART 1 ·

인공지능, 머신러닝 그리고 딥러닝

ARTIFICIAL INTELLIGENCE

1장

인공지능이란

인간이 만든 지능, 인공지능

컴퓨터가 인간의 지능적인 행동을 모방할 수 있도록 하는 것 - 두산백과

영화제목 '에이아이(A.I.)'는 인공지능(Artificial Intelligence)을 뜻합니다. '자연' 혹은 '천연'의 반대말이기도 한 '인공'이라는 용어는 인간이 자연적인 것을 모방하거나 인위적으로 만들 때 사용하는데요. 인공향료, 인공색소, 인공호수가 그 예이지요.

'인공지능'이라는 용어는 1956년 미국 다트머스 대학에서 열린 워크숍에서 존 매카시에 의해 처음으로 사용되었는데요. 그 당시의 인공지능은 "지적인 기계를 만드는 과학과 공학" 정도로만 정의했습니다. 인공지능이 시작되었던 초기였기 때문에 개념 자체가 명확하지 않았던 시대였죠.

인공지능의 정의는 세월의 변화와 함께 달라졌습니다. 20쪽 표에 기술된 현대적 정의를 살펴보면 인공지능에 대해 사람들의 다양한 관점이 묻어나 있다는 사실을 알 수 있습니다.

사고 (Thinking)	인간처럼 생각하는(Think Humanly)	인간처럼 행동하는(Acting Humanly)
	New effort to make computers think	The art of creating machines that perform functions that require intelligence when performed by people
행동 (Behavior)	이성적으로 생각하는(Think Rationally)	이성적으로 행동하는 (Acting Rationally)
	The study of the computations that make it possible to perceive, reason, and act	Computational intelligence is the study of the design of intelligence agents

출처: "Artificial Intelligence A Modern Approach" 3rd Edition, Stuart Russell, Peter Norvig, Prentice Hall

사실, 이외에도 인공지능에 대한 정의는 매우 다양하긴 한데요. 이 책에서 모든 인공지능 정의를 살펴볼 수는 없겠지만, 컴퓨터가 인간처럼 생각하고 행동하길 바라는 마음에서 탄생한 분야가 바로 '인공지능'이라는 점을 기억해주면 좋겠습니다.

튜링 테스트

    기계의 지능을 고민했던 과학자 앨런 튜링을 알고 있나요? 2014년 개봉한 영화 〈이미테이션 게임〉의 주인공이기도 했던 그는 '컴퓨터 과학의 아버지'라고 불리는 인공지능 분야에 혁혁한 영향을 끼친 과학자입니다.

    인공지능이라는 거대한 학문 분야의 탄생을 일찌감치 예감했을까요? 인공지능이라는 개념이 생소했던 1950년 앨런 튜링은 '계산 기계와 지성 (Computing Machinery and Intelligence)'이라는 논문을 통해 기계에 지능이 있는지를 판별하는 '튜링 테스트'를 제안합니다. 기계가 사람과 구별될 수 없을 정도로 대화를 잘 이끌어 간다면, 이것은 '기계가 생각하고 있다'라고 말할 수 있다는 내용이었죠.

    그렇다면 튜링 테스트가 무엇인지 알아보겠습니다. 이 테스트는 컴퓨터의 지능을 판단하기 위해 수행되는 테스트로, 3명의 참가자가 필요합니다. 2명은 사람이지만, 1명은 사람처럼 행동하는 컴퓨터여야 합니다. 각각은 서로 독립된 방에서 텔레프린터◆를 통해 질문과 대답을 주고받으며 테스트에 참가합니다.

    다음 그림과 같이 질문자(C)가 텔레프린터를

◆ 텔레프린터는 1940년대 사용된 전기식 타자기를 의미합니다.

통해 컴퓨터(A)와 사람(B)에게 질문을 합니다. A와 B는 C의 질문에 대답을 하는데요. 질문자 C는 A와 B의 얼굴을 보지 못했기 때문에 누가 컴퓨터인지 누가 사람인지 모르는 상태입니다.

정확한 테스트 결과를 얻기 위해 여러 질문자가 이 테스트에 참여합니다. 질문자들 중 33%가 5분 동안 이 둘의 대답을 보고, 누가 컴퓨터인지, 누가 사람인지를 구분하기 어렵다면, 컴퓨터가 지능을 가졌다고 판단할 수 있다는 것이 튜링 테스트의 핵심입니다.

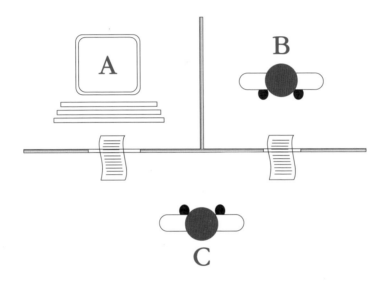

튜링 테스트는 기계가 인간처럼 행동하는지를 테스트하고자 했던 최초의 시도였습니다. 하지만, 기계가 정말 지능적으로 동작하는지를 테스트하는 것은 아니었기 때문에 인공지능을 제대로 평가하지 못한다는 비판도 있었습니다. 인공지능이라면 사람처럼 종합적으로 사고할 수 있어야 한다고 생각했기 때문이지요. 그럼에도 불구하고 철학적인 관점으로만 여겨졌던 인공지능을 실용적인 관점에서 바라볼 수 있는 새로운 접근 방법임에는 틀림없었습니다.

인공지능의 역사

1943~1956년

1956년 어느 날 인공지능을 오랜 기간 고민한 사람들은 다트머스 대학에서 워크숍을 개최합니다. 인공지능에 대한 다양한 아이디어들이 쏟아졌고, 새로운 학문에 대한 뜨거운 관심을 확인하는 자리였죠. 인공지능 연구의 기폭제가 되어 새로운 학문 분야의 지평을 열게 된 자리이기도 합니다.

그 당시 인공지능은 정말 놀라운 존재로 보였습니다. 인공지능으로 기하학의 정리를 증명할 수 있고, 영어 학습도 할 수 있어 보였거든요. '완전한 지능을 갖춘 기계가 20년 안에 탄생할 거야!'라는 낙관론도 우세했고, 인공지능에 대한 다양한 책들도 출간되었습니다. 정말 인공지능으로 세상이 바뀔 것 같은 분위기였을까요? 이 시기는 금빛의 실크로드가 펼쳐질 것 같은 높은 기대와 함께 인공지능 연구 분야에 엄청난 투자가 이루어졌던 때였지요.

1974~1980년

인공지능 연구에 대한 들뜬 시작과 달리 복잡한 문제를 해결하는 과정에서 사람들은 높은 장벽에 부딪힙니다. 이 당시 데스크탑 컴퓨터 성능이 1MIPS 정도였으니 인공지능을 구현하는 것은 애초부터 불가능한 계획이었을 수도 있습니다. 현재 사용하고 있는 데스크탑 컴퓨터의 성능이 30만 MIPS라는 사실과 비교한다면 그 당시 하드웨어의 제약은 분명했지요.

이런 난관 속에서 인공지능을 이용해 만든 작품이라고 해봤자 그저 실험용에 지나지 않았고, 인공지능 전문가들은 투자자들에게 약속했던 결과를 보여주지 못했습니다. 이런 인공지능 프로젝트가 투자자들에게는 양치기 소년과 같아 보였을 겁니다. 1969년 퍼셉트론◆의 한계를 설명했던 마빈 민스키와 시모어 페퍼트의 책 『퍼셉트론』의 출판으로 10년 동안 인공신경망에 대한 거의 모든 연구가 중지되었을 정도였으니 인공지능 연구에

◆ 퍼셉트론은 4장에서 설명하고 있습니다.

대한 신뢰가 얼마나 추락했는지 그 당시 상황을 잘 설명해주는 대목이죠.

1980~1987년

컴퓨터 부품을 알아서 점검해주는 엑스콘(XCON) 덕분에 인공지능 연구에도 또다시 봄이 찾아왔습니다. 이 당시에는 부품을 수작업으로 조립해 컴퓨터를 만들었던 시기였기 때문에 부품을 알아서 점검해주는 컴퓨터 시스템에 대한 니즈가 있었습니다. 전문가가 일일이 챙겨야 했던 작업을 엑스콘이 알아서 자동화해주니 사람들에겐 인공지능으로 구현된 시스템이 꽤 매력적으로 보였습니다. 게다가 이 시스템 덕분에 회사 경비 감소에 기여했다는 사실이 알려지면서 인공지능에 대한 사람들의 인식은 조금씩 바뀌어 갔습니다.

인공지능 연구에도 진전이 있었습니다. 오차역전파 알고리즘이 제안되면서 마빈 민스키가 지적했던 단층 퍼셉트론의 단점을 극복할 수 있게 되었고, 10여 년 간 침체했던 신경망 연구에 새로운 돌파구를 찾았지요.

1987-1993년

전문가 시스템에 대한 사람들의 기대가 너무 컸을까요? 특별한 경우에만 사용할 수 있는 전문가 시스템에 대한 사람들의 관심이 조금씩 식어갔습니다. 데스크탑 컴퓨터의 성능이 좋아지면서 높은 유지보수 비용과 업데이트가 어려운 엑스콘의 메리트가 떨어지기 시작했지요.

국방 프로젝트를 연구하는 기관인 DARPA에서는 인공지능 연구에 대한 회의감을 갖기 시작했고 즉각적인 결과를 낼 수 있는 연구 분야로 투자방향을 바꾸게 됩니다. 결국, 인공지능 연구에 대한 투자♦는 중단되고 말지요.

♦ 투자가 중단된 암흑기 속에서도 몇몇의 사람들은 연구의 맥을 이어갔고, 현재의 인공지능 봄을 맞이한 그들은 이 시기를 'AI 겨울'로 회상하고 있습니다.

1997년~현재

인공지능의 궁극적인 목표는 인간과 같은 지능을 개발하는 것이었습니다. 하지만, 이것이 어렵다는 사실을 경험한 사람들은 두 번의 겨울을 보낸 후에야 연구 방향을 바꾸게 됩니다. 좁은 분야를 대상으로 인공지능 기술을 응용할 수 있도록 말이지요.

인공지능 연구는 60년 전부터 시작되었지만, 사람들의 높은 기대에 못 미치는 연구 성과 때문에 실용화하기 어려운 학문으로 인식되어왔습니다. 인공지능에 대한 다양한 연구결과를 구현할 수 있는 IT 기술의 한계도 인공지능의 발전을 더디게 만들었습니다.

드디어 인공지능의 진가를 보여주는 성공 사례가 등장합니다. 1997년 5월 IBM에서 개발한 '디프 블루'가 세계 체스 챔피언이었던 게리 카스파로프를 이기면서 양치기 소년과 같았던 인공지능은 사람들의 신뢰를 얻기 시작합니다. 인공지능과 인간의 대결은 인공지능에 대한 관심을 끌어모으기에 충분한 사건이었죠.

2011년 미국 유명 퀴즈쇼인 '제퍼디 퀴즈쇼'에서 전설적인 퀴즈 달인과 경쟁해 인공지능이 우승한 사건은 미국 사회에서 큰 화제가 되었고, 2015년 알파고와 이세돌의 대국은 우리 사회에도 큰 파장을 불러일으켰던 사건이었습니다.

두 번의 겨울을 보낸 이후에야 인공지능 기술이 주목을 받을 수 있게 된 이유는 방대한 데이터를 분석할 수 있는 '빅데이터' 기술, 데이터를 여러 대의 컴퓨터로 나눠서 처리할 수 있는 '분산처리' 기술, 여러 대의 고성능 컴퓨터를 하나의 컴퓨터처럼 묶어서도 활용할 수 있는 '클라우드 컴퓨팅' 기술 등이 함께 발전하면서 인공지능 산업이 급격히 성장할 수 있는 토대가 만들어졌기 때문입니다.

과거 추운 겨울을 보냈던 전문가 시스템도 이제는 전문가를 도와줄 정도로 발전했습니다. 현재 종양학 전문 왓슨, 방사선학 전문 왓슨 등 다양한 전문 왓슨으로 개발되어 실질적인 서비스가 이루어지고 있을 정도입니다.

여기서 잠깐!

사람들은 몇 개의 사진만 봐도 강아지와 고양이를 쉽게 구분하지만 컴퓨터는 이것을 매우 어려워합니다. 반면 컴퓨터가 복잡한 문제를 계산하는 것은 비교적 쉽지만, 얼굴을 인식하거나 장애물을 피하는 것은 매우 어려운 일입니다. 이것을 '모라벡의 역설'이라고 부르는데요. 이 설명은 1970년대 인공지능 연구가 왜 가시적인 성과를 얻지 못했는지 그 이유를 알 수 있게 해줍니다.

강인공지능과 약인공지능

인간의 역할을 대체할 수 있는 기술들이 발전하면서 무서운 속도로 인공지능 산업이 성장하고 있습니다. 폭발적으로 증가하는 데이터를 빠른 시간에 분석하여 정량적인 분석 결과를 제시할 수 있는 인공지능의 능력은 그동안 전문직의 영역이라고 생각했던 직업군을 대체할 수 있는 수준까지 이르고 있습니다.

미국 대학병원에서 도입한 약사 로봇이 약사를 대신해 약을 조제하고, '골드만삭스'라는 다국적 투자회사는 금융 분석을 위해 인공지능 프로그램을 도입했습니다. 또한, 미국의 한 법률 자문회사에서는 왓슨을 이용해 대화형 법률 서비스를 제공하고 있다고 하니, 전문가들만이 수행할 수 있다고 여겼던 인간의 영역을 인공지능이 대신하고 있는 것이 확실해 보입니다.

2015년 우리 사회에 큰 충격을 안겨준 구글 알파고는 어떤 수준의 인공지능일까요? 전문가들은 알파고를 그저 '약인공지능'으로 분류하고 있습니다. 약한 인공지능은 일정한 순서와 틀이 정해진 업무에 적용이 가능하기 때문에, 특정 분야에서만 활용이 가능하고 여러 가지 한계가 존재하지요. 업무가 끊임없이 변화하고, 소통과 설득, 그리고 창의성이 필요한 영역은 약한 인공지능에게 아직은 적용하기 어려운 분야입니다.

한편, 강인공지능은 영화 〈에이아이(A.I)〉의 데이비드와 같이 지능과 감정을 갖는 인공지능입니다. 세계적인 미래학자 레이 커즈와일은 2045년경이 되면 인공지능은 인간의 두뇌와 같이 학습능력, 문제해결능력, 감정 등이 가능한 강한 인공지능이 될 것이라고 예측하고 있지만, 아직 시기를 단정하기에는 어렵다는 의견도 있습니다.

그 이유는 강한 인공지능이 되기 위해서는 지금보다 컴퓨터 성능이 수천 배 이상 좋아져야 하고, 인간의 뇌 작동방식 등을 정밀하게 이해할 수 있어야 하기 때문입니다. 또한, 인공지능을 인간 수준으로 학습시킬 수 있는 알고리즘이 개발되어야 하는 등 복합적인 연구가 필요하기 때문이지요.

인공지능, 머신러닝, 딥러닝

두산백과사전에서는 인공지능을 '인간의 학습능력, 추론능력, 지각능력, 자연언어의 이해능력 등을 컴퓨터 프로그램으로 실현한 기술'이라고 설명하고 있습니다. 쉽게 설명해 컴퓨터가 인간의 지적 활동을 흉내 낼 수 있도록 인공의 지능을 소프트웨어로 구현하는 기술을 의미합니다.

한편 머신러닝◆의 정의는 인공지능보다는 범위가 좁은데요. 1959년 머신러닝의 선구자였던 아서 새뮤얼은 머신러닝을 '기계가 코드로 명시하지

◆ 머신러닝 3장에서 자세히 설명하고 있습니다.

않은 작업을 데이터로부터 학습하여 실행가능한 알고리즘을 개발하는 인공지능 연구 분야'라고 정의하고 있습니다. 즉 기계가 데이터를 이용해 학습할 수 있는 능력을 심어주는 것이 바로 머신러닝이라고 본 것이지요.

인공신경망 알고리즘은 인간의 뇌에서 영감을 받아 탄생한 분야입니다. 딥러닝은 다음 그림과 같이 인공신경망의 층을 겹겹이 쌓아 만든 심층 신경망을 의미하는데요. 우리 뇌의 뉴런이 서로 연결되어 신경망을 이루어 정보를 처리하는 것처럼, 인공신경망도 다음과 같이 노드들이 연결되어 입력을 처리합니다.

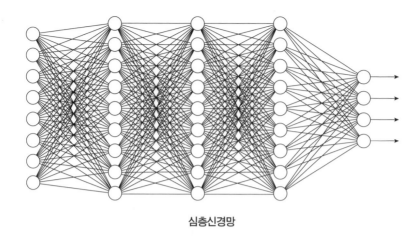

심층신경망

전문가들은 다음 그림을 이용해 이들의 관계를 설명하곤 합니다. 그림의 표현처럼 인공지능 분야는 머신러닝을 포함하고, 머신러닝 분야는 딥러닝 분야를 포함하고 있습니다. 딥러닝이 머신러닝에 속해 있는 한 연구 분야이지만, 최근 이 분야의 성과가 두드러지면서 딥러닝을 머신러닝과 구분지어 설명하곤 합니다.

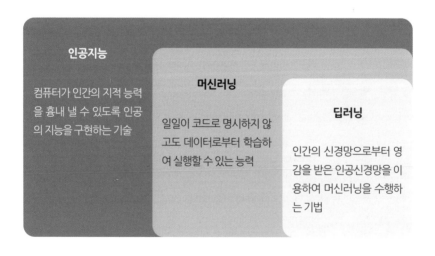

인공지능

컴퓨터가 인간의 지적 능력을 흉내 낼 수 있도록 인공의 지능을 구현하는 기술

머신러닝

일일이 코드로 명시하지 않고도 데이터로부터 학습하여 실행할 수 있는 능력

딥러닝

인간의 신경망으로부터 영감을 받은 인공신경망을 이용하여 머신러닝을 수행하는 기법

2장

우리 삶에서의
인공지능

스팸필터

이메일이 확산되었던 2000년대 초 사람들은 스팸메일◆이 그득한 편지함 때문에 꽤 수고로운 아침시간을 보냈습니다. 물론 지금도 스팸메일을

◆ 대출 광고, 성인 광고 등 원하지 않는 이메일을 스팸메일(spam mail)이라고 부릅니다.

완벽하게 피해갈 수는 없지만, 스팸필터 덕분에 예전보다는 상황이 많이 좋아지긴 했지요.

정수기가 필터를 이용해 물에서 오염물질을 걸러주듯이 스팸필터도 동일한 역할을 합니다. 스팸필터는 우리가 주고받는 이메일을 검사해 스팸메일을 걸러주는 보안용 소프트웨어이지요.

이 소프트웨어는 어떻게 알고 스팸메일을 걸러낼까요? 컴퓨터가 사람처럼 이메일 제목과 내용을 이해하고 스팸메일을 걸러낼 수 있다면 좋으련만, 초기의 스팸필터는 그 정도의 수준은 아니었습니다.

이메일을 다량으로 보내는 컴퓨터가 있다면 스팸필터는 이 컴퓨터를 의심합니다. '이메일을 다량으로 보내는 것을 보니, 이 컴퓨터가 범인이군!' 이라고 생각하고 이 컴퓨터의 네트워크상 주소를 찾아내지요. 그리고, 스팸필터는 이 주소로부터 보내지는 이메일을 스팸메일로 분류하기 시작합

2장. 우리 삶에서의 인공지능

◆ 컴퓨터의 네트워크상의 주소를 IP주소라고 부릅니다.

니다.

IP주소◆는 쉽게 바꿀 수 있는 있습니다. 그렇기 때문에 컴퓨터 주소를 바꾼 후 스팸메일을 다시 보낸다면 스팸필터가 이를 잡아내지 못하겠지요. 그래서 스팸필터를 연구하는 전문가들은 다른 전략을 세웁니다. 메일 제목에 '성인' 혹은 '광고'라는 단어가 들어가 있으면 스팸메일로 분류하는 것으로요.

스팸필터가 어떻게 동작하는지 눈치챈 사람이라면 제목에 '성 인'과 같이 두 글자 사이에 공백을 추가하기도 하고, '성&인'과 같이 & 문자를 추가해 보내기 시작할 겁니다. 컴퓨터는 너무나 고지식해서 글자 하나라도 다르면 '성인'과 성&인'을 다르다고 판단하거든요. 지능이 있는 사람이 보면, '뭐, 둘다 성인 광고 메일이네!'라고 바로 판단하지만 컴퓨터는 그렇지 못합니다.

이런 이유로 스팸필터에는 다양한 경우의 수를 고려해서 방대한 탐지 규칙을 쌓아놓고 있습니다. 규칙이 많으면 그만큼 스팸메일을 촘촘히 잡아낼 수는 있지만, 일일이 모든 규칙을 확인해야 하니 소프트웨어의 속도가 느려질 수밖에 없습니다.

중요한 사실은 방대한 규칙을 쌓아놓는다 하더라도, 규칙에 없는 스팸메일을 보낸다면 이것을 필터링하지 못한다는 점입니다. 예를 들어, 규칙 목록에 '성!@인'이라는 규칙이 없다면 이 단어가 포함된 이메일을 스팸이라고 판단하지 못하는 것이죠.

규칙을 코드로 일일이 명시하지 않아도 스팸메일을 잘 잡아낼 수는 없는 걸까요? 컴퓨터를 잘 가르쳐놓으면 규칙에 없어도 스팸메일을 잡아낼 수 있을 텐데요. 바로 이런 고민과 함께 스팸필터에 머신러닝이 활용되기 시작했답니다.

그동안 사람이 규칙을 일일이 작성해줘야 했다면, 이제는 머신러닝 알고리즘을 통해 컴퓨터가 규칙을 찾아낼 수 있습니다. 규칙에 없던 새로운 패턴의 스팸메일도 걸러낼 수 있으니 아침마다 스팸메일을 삭제해야 하는 번거로움이 훨씬 줄어들게 되었지요.

알파고

2016년 구글 알파고와 이세돌의 대국은 사람들의 머릿속을 온통 '인공지능'으로 도배해놓았습니다. 대국이 시작되기 전, 사람들은 추호도 의심 없이 세계 최고 바둑기사 이세돌이 인공지능을 이길 것이라고 예측했는데요. 바둑은 체스보다 훨씬 더 복잡하고 경우의 수가 많아 컴퓨터가 인간 두뇌를 따라잡기에 어려움이 있다는 것이 이유였지요. 사실, 논리적인 이유를 떠나 사람들의 마음에는 인공지능이 절대로 인간의 영역을 따라오지 못했으면 하는 바람도 있었습니다. 하지만, 사람들의 바람과 달리 결과는 알파고의 대승리!

알파고와 이세돌의 대국 장면　　　　ⓒ 연합뉴스

세계 최고 바둑기사 이세돌을 이기기 위해 수십 대의 슈퍼컴퓨터가 사용되었습니다. 인간의 지적 능력이 이런 슈퍼컴퓨터에 비견된다는 사실에 창조물의 위대함을 느끼게 되지만, 인간을 뛰어넘는 인공지능의 학습능력에도 놀라움을 가집니다.

알파고는 지도 학습을 통해 바둑을 배웠는데요. 잘 알려진 좋은 수를 학습했고, 아마추어들의 바둑기보 16만 건을 합성곱 신경망◆으로 학습했다고 하는군요. 또한 수천만 개에 이르는 착점 위치정보와 패턴을 파악해 다음 수를 예측하도록 훈련되었다고 합니다.

◆ 합성곱 신경망은 5장에서 설명하고 있습니다.

또한 알파고에는 행동에 보상을 주는 강화 학습이 적용되었는데요. 경기가 진행되는 동안 알파고는 바둑돌을 놓을 자리를 찾고, 승률이 높은 수를 결정했답니다. 사람이 바둑을 이기기 위해 고민하는 것처럼 알파고도 이길 확률을 고민하며 바둑을 둔 것이지요. 바둑을 배운 지 고작 6개월밖에 안 되는 알파고가 승전고를 올린 비결이 바로 학습에 있었군요!

IBM 왓슨

2011년 미국 유명 퀴즈쇼인 '제퍼디 퀴즈쇼'에서 인공지능이 우승을 하며 미국 사회에서 큰 화제가 되었습니다. 퀴즈쇼에서 74회 연속 우승을 차지해 신화가 된 인물 켄 제닝스를 인공지능이 이겼기 때문이지요. 퀴즈 쇼 우승자인 인공지능의 이름은 바로 IBM이 개발한 '왓슨'인데요. 왓슨은 인터넷 백과사전 등을 포함해 2억 페이지나 되는 방대한 자료를 학습하고 퀴즈쇼에 참가했다고 합니다.

2011년 제퍼디 퀴즈쇼 한 장면

© 연합뉴스

왓슨은 사회자가 읽어주는 질문을 듣고 의미를 분석해 다른 참가자처럼 퀴즈에 답해야 했는데요. 예를 들어, 사회자가 '주파수 단위'라는 문장을 제시하면, 이에 해당하는 질문을 해야 퀴즈♦를 맞출 수 있었습니다. 이런 추상적인 질문을 인공

♦ 퀴즈의 답은 '헤르츠'입니다.

지능인 왓슨이 인간보다 빨리, 그리고 많은 퀴즈를 풀다니 인공지능의 위력을 다시 한번 실감케 줍니다.

제퍼디 퀴즈쇼를 시작으로 종양학 전문 왓슨, 방사선학 전문 왓슨 등 다양한 전문 왓슨으로 발전했는데요. 의료 분야에서는 암환자의 종양세포와 유전자 염기서열을 분석해 맞춤형 치료법을 추천해주고, 쇼핑 분야에서는 고객의 데이터를 분석해 서비스를 향상시키는 등 다양한 영역에서 활약하고 있습니다.

챗봇과 가상비서

인공지능의 인기와 더불어 우리 주변에서 쉽게 '챗봇'을 찾아볼 수 있습니다. 챗봇은 채팅과 로봇의 합성어로 단어 의미 그대로 채팅 로봇을 의미하는데요. 'Chat'이라는 말 때문에 수다를 떠는 기계로 오해하실 수도 있을 것 같군요. 하지만, 챗봇은 엄연히 인공지능 기술 중 하나로 대표되는 자연어처리 기술이 집약된 소프트웨어랍니다. 사람과의 대화를 통해서 원하는 작업을 수행하도록 만들어진 컴퓨터 프로그램이지요.

과거 챗봇의 경우 질문에 대한 답변 내용을 규칙으로 만들어놓고 FAQ 형태로 질문에 맞는 답을 제시하는 수준이었는데요. 이렇다 보니 규칙이 없는 질문에는 엉뚱한 대답을 하기 일쑤였지요. 사람답지 않은 대화 수준으로 한때 바보 챗봇으로 무시당한 적도 있었지만, 지금은 챗봇이 제법 똑똑해졌습니다.

이제는 사람과 진지하게 대화를 나눌 줄 아는 챗봇을 만날 수 있습니다. 예를 들어, "차가 고장났어요"라고 사용자가 요청하면 챗봇은 의도를 파악해 "긴급출동 서비스가 필요하신가요?"라고 대답할 수 있습니다. 챗봇이 이렇게 똑똑하게 된 이유는 모두 인공지능 기반의 자연어처리 기술이 발전하게 된 덕분이지요.

얼굴을 마주보지 않는 비대면 서비스가 확대됨에 따라 우리나라뿐만 아니라 전 세계적으로 인공지능 챗봇의 활약이 두드러지고 있습니다. 국내에서는 대형 병원, 은행뿐만 아니라 병무청, 국세청 등에서도 챗봇을 적극적으로 활용하고 있을 정도이지요. 은행에서는 챗봇을 이용해 병원 이용 안내부터 진료예약 등의 서비스를 제공하고 있고, 병무청에서는 병무 민원 상담을 하고 있을 정도라고 하니 우리 생활 곳곳에 인공지능 기술이 깊숙이 스며든 느낌입니다.

인공지능 챗봇 서비스 예시

아이폰의 시리나 갤럭시폰의 빅스비를 사용해본 적 있나요? 이것은 챗봇 기술과 음성인식 기술이 적용된 스마트폰 앱으로, 내 목소리를 인식해 내가 의도한 질문을 알아들 수 있는 나만의 가상비서 서비스입니다. 예를 들어, "하이 빅스비, 오늘 날씨는 어때?"라고 물으면, 빅스비는 내 질문을 이해하고 "오늘은 맑겠으며, 최저 기온은 2도, 최고 기온은 14도로 예상됩니다"라고 대답을 해줍니다.

가상비서가 딱딱한 글자가 아닌 부드러운 음성으로 대답을 해줄 수 있는 것은 문장을 음성으로 바꿔주는 기술이 활용되었기 때문인데요. 그동안 이 기술은 억양이 부자연스러워 병원 안내 방송 등과 같이 제한된 영역에서만 사용했었지만, 이제는 달라졌습니다. 사람들의 억양도 학습하는 인공지능 기술 덕분에 사람처럼 말하는 가상비서를 스마트폰에서도 만나볼 수 있게 되었거든요.

객체 인식

우리 주변 곳곳에 방범용으로 설치되어 있는 CCTV 카메라를 볼 수 있습니다. CCTV 카메라의 영상은 관제센터의 모니터에 실시간으로 출력되는데요. 관제센터 컴퓨터에는 CCTV 카메라 영상을 실시간으로 분석해 객체를 자동 탐지할 수 있는 소프트웨어가 포함되어 있습니다. 여기서 '객체'란 사람을 포함해 자동차, 강아지 등을 말하지요.

24시간 작동하는 CCTV 영상을 누군가 하루종일 지켜보지 않더라도 컴퓨터가 알아서 사람이 해야 하는 일을 대신해줍니다. 예를 들어, CCTV 카메라가 도로변을 촬영하고 있으면, 관제센터의 컴퓨터는 불법 주정차 차량을 자동으로 잡아냅니다. 이것은 인공지능 기술 중 하나인 객체 인식 기술 덕분인데요. 관제센터에 설치된 소프트웨어는 CCTV 영상 속에 차량을 인식할 수 있고 일정 시간 동안 정차한 차량을 불법차량으로 자동 판단할 수 있습니다. 그리고 알아서 차량 번호판 등에 대한 증거사진을 모으고, 여기에서 차량 번호를 자동 추출해줍니다.

다음 그림은 이미지에서 강아지와 자전거, 자동차를 인식한 결과를 보여주고 있습니다. 심층신경망 알고리즘에 방대한 양의 사진을 입력으로 넣어주면, 이 알고리즘은 학습을 통해 객체를 분류할 수 있게 됩니다. 지능이 있는 사람이 보기에는 강아지를 강아지로 인식하는 것이 너무나 당연한 일이지만, 두 번의 겨울을 경험했던 인공지능 분야에서는 엄청난 성과임에는 틀림없습니다.

객체 인식 기술에서 빼놓을 수 없는 분야가 바로 안면 인식인데요. 인공지능 기술을 통해 사람의 얼굴에서 특징을 뽑아내고 데이터베이스에 저장합니다. 단단하게 잠겨진 자동문 앞에 서 있으면 카메라는 출입자의 얼굴을 스캔해 특징을 뽑아주고 데이터베이스의 정보와 비교하는데요. 동일한 특징을 가진 이미지 데이터가 데이터베이스에 있다면 사용자의 출입을 허락해 줍니다.

최근 심층신경망 기술 덕분에 이미지 처리 성능이 매우 높아졌습니다. 소프트웨어에 일일이 규칙을 정의하지 않아도 심층신경망 알고리즘의 학습을 통해 사람의 얼굴을 구분할 수 있고, 객체 탐지, 화재 발생 감지 등을 할 수 있게 되었습니다.

넷플릭스와 유튜브

영화를 CD나 DVD로 빌려볼 수 있었던 시절이 있었습니다. 하지만, 요즘은 한달에 만 원이면 인터넷으로 영화를 무제한 볼 수 있는 OTT (Over The Top) 서비스 시대가 되었지요.

여러분들은 수많은 영화 목록에서 어떤 기준으로 영화를 선택하시나요? 사실, 영화 예고편을 하나하나 찾아보며 내가 원하는 영화를 정하는 일은 생각보다 귀찮고 지루한 과정입니다. 종종 볼만한 영화를 찾지 못해 TV 채널을 돌리는 일도 부지기수이지요.

누군가 옆에서 내 취향을 맞게 영화를 추천해준다면 얼마나 좋을까요? 영화를 찾느라 일일이 예고편을 확인해야 하는 수고로움을 생각한다면 꽤 괜찮은 제안입니다.

고객은 뭉툭한 서비스보다는 디테일이 묻어 있는 개인화된 서비스를 기대합니다. 자신을 반겨주고, 나의 관심사를 알아주는 서비스에 끌리기 마련이니까요.

개인화된 서비스를 위해 빅데이터와 머신러닝을 아주 잘 활용한 회사가 있습니다. 전 세계적으로 1억 명 이상의 구독자를 보유한 OTT 서비스

회사 '넷플릭스'가 바로 그 주인공입니다.

NETFLIX

넷플릭스가 어떻게 빅데이터와 머신러닝을 활용했는지 궁금하다고요? 그래서 여러분께 넷플릭스의 비밀병기를 소개하려고 합니다.

넷플릭스는 고객을 더 잘 이해하기 위해 빅데이터를 체계적으로 분석하였는데요. 고객이 어떤 영화를 봤는지, 보다가 중단한 영화는 무엇이었는지 등을 컴퓨터로 분석해 고객의 취향을 정확히 파악했다고 하는군요. 또한, 새로운 영화가 입고되면 콘텐츠팀에서 영화를 일일이 감상해 태그를 최대한 많이 뽑아내는 작업을 수행하였습니다. 예를 들어, 〈기생충〉 영화에서 반지하, 오스카, 감동, 송강호, 코미디, 스릴러 등과 같은 키워드를 정리하는 식입니다.

이렇게 공들여 정리한 빅데이터와 머신러닝 알고리즘을 활용해 개개인의 취향에 맞는 영화를 추천해주니 고객이 넷플릭스 서비스를 만족스러워 하는 것은 당연한 결과일 겁니다.

고객의 서비스 만족도는 컨슈머인사이트에서 실시한 아래 설문조사

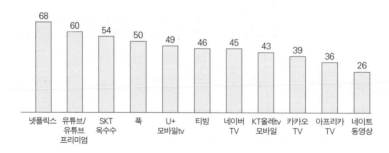

방송/동영상 애플리케이션별 만족률(2019년 상반기)

결과에서도 확인할 수 있는데요. 넷플릭스의 이용 만족률이 68%로 가장 높습니다.

빅데이터의 효과는 데이터가 많이 쌓일수록 진가를 발휘하기 때문에 고객이 더 많은 영화를 감상할 수록 추천시스템의 정확도는 더욱 높아지게 됩니다. 정확도가 높은 추천 시스템이 바로 넷플릭스의 성공 노하우이지요.

인터넷으로 스트리밍을 하다보면 재생이 갑자기 중지되는 현상을 종종 겪습니다. 이것은 퇴근길 도로에 차가 몰리는 것처럼 네트워크에 많은 트래픽이 증가해 데이터 다운로드가 지지부진한 상황인데요. 사실 이런 문제는 스트리밍 회사에겐 늘 골칫거리이지요. 넷플릭스는 이 문제도 인공지능 기술을 이용해 해결합니다. 머신러닝을 활용해 과거 15분간의 트래픽을 기반으로 앞으로의 트래픽을 예측해 스트리밍 속도를 조절하는 방법으로 지지부진한 다운로드 문제를 해결합니다.

넷플릭스는 이외에도 다양한 영역에서 머신러닝을 적극적으로 활용하고 있는데요. 영화 추천부터 네트워크 트래픽 문제 해결까지 여느 IT기업보다 인공지능 기술을 너무나 잘 사용하는 넷플릭스에 엄지척을 하고 싶습니다.

이번에는 유튜브가 어떻게 인공지능 기술을 활용하는지 살펴보겠습니다. 유튜브는 구글이 서비스하는 동영상 공유 플랫폼으로, 한달에 19억 명의 전 세계 사용자가 이용하는 월드와이드급 서비스입니다. 단순 동영상 시청을 넘어 궁금한 점을 찾아보거나 음악 감상, 대학 강의까지 정말 다양한 영역에서 폭넓게 활용되고 있는 서비스입니다.

전 세계 사람들이 유튜브의 매력에 빠진 이유를 '인공지능' 추천 시스템에서 찾아볼 수 있는데요. 인공지능 기술을 적극적으로 활용해 과거 유튜브 시청 목록과 방문한 사이트 그리고 검색어 등을 학습해 개개인에게 특화된 새로운 동영상을 추천해주고 있기 때문에 넷플릭스 다음으로 이용자들의 만족도가 높은 편입니다.

　　유튜브에는 1분마다 300시간의 동영상이 업로드되고 있습니다. 이렇게나 많은 동영상이 실시간으로 업로드되는 상황에서 사람들이 수작업으로 유해한 동영상을 찾아내는 것은 현실적으로 불가능한 일입니다.

　　이 문제를 해결하기 위해서도 구글은 인공지능 기술을 활용하고 있습니다. 그동안 폭력적이고 극단주의적인 동영상을 제한해야 한다는 목소리가 높아진 터라 유해한 동영상을 자동으로 찾아내 삭제해주는 인공지능 기술은 너무나 매력적인 기술임에는 틀림없어 보입니다.

　　인공지능 기술은 동영상 시청 연령을 적용하기 위해서도 활용되고 있는데요. 동영상 내용을 분석해 시청 연령을 자동으로 판단해주는 인공지능 기술 덕분에 어린 시청자들이 유해한 동영상으로부터 보호받을 수 있는 시청 환경을 제공받고 있습니다.

3장

기계가 학습하는 것,
머신러닝

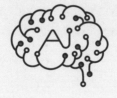

'이미 짜여진'이라는 의미의 프로그램(program)은 코딩을 통해 만들어집니다. '코딩(coding)'이란 컴퓨터가 해야 할 작업을 코드로 하나부터 열까지 시시콜콜하게 알려주는 과정인데요. 이렇게 만들어진 소프트웨어는 짜여진 각본◆대로만 실행되기 때문에 대본에 없는 상황이 발생하면 여지없이 당황스러운 반응을 보이며 'Error'라는 메시지를 보여주곤 합니다.

◆ 여기서 각본이 바로 소스코드를 의미합니다.

우리는 잘 만들어진 소프트웨어 덕분에 복잡한 계산 기능과 반복적인 일들을 컴퓨터에게 믿고 맡길 수 있습니다. 하지만, 컴퓨터에게 일을 시키기 위해서는 세세한 부분까지도 코드로 작성해줘야 하는 어려움이 있기 때문에 사람들은 한 가지 불만이 생겼습니다. 자연의 것을 모방하는 인간의 도전 정신으로 컴퓨터도 사람처럼 지능을 갖길 바랐던 것이죠. 인간의 지능처럼 컴퓨터가 학습하고 실행할 수 있는 그 무엇인가를 기대했었던 것이 분명합니다.

1950년대 후반 아서 새뮤얼은 학습할 수 있는 기계를 꿈꾸며 머신러닝(machine learning)을 연구했던 인공지능 전문가입니다. 아서 새뮤얼이 생

◆ 머신러닝은 우리말로 기계학
습이라고 부릅니다.

각했던 머신러닝◆은 다음과 같습니다.

기계가 코드로 명시하지 않은 작업을 데이터로부터 학습하여 실행가
능한 알고리즘을 개발하는 인공지능 연구 분야

모든 프로그램에는 입력할 수 있는 값이 정해져 있고, 이 입력값은 규
칙에 맞게 정해진 출력값을 만들어줍니다. 이것이 우리가 사용하는 프로
그램의 동작 방식이지요.

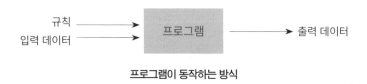

규칙
입력 데이터 ──────▶ 프로그램 ──────▶ 출력 데이터

프로그램이 동작하는 방식

지금까지 우리들은 정해진 규칙에 따라 코드가 미리 짜여진 프로그램
을 사용해왔기 때문에 학습하는 소프트웨어가 무엇일지 무척 궁금해집니
다. 도대체 학습하는 소프트웨어는 어떻게 동작하는 걸까요? 학습이라는
것이 무엇일까요?

간단히 설명하자면 '학습'이란 입력 데이터와 출력 데이터의 관계를 이
해하는 것입니다. 머신러닝 알고리즘에게 입력과 출력 데이터를 알려주
면, 이를 학습하여 규칙을 발견합니다. 코딩을 할 때는 규칙을 사람이 일일
이 작성해줘야 했지만, 머신러닝을 통해 이 규칙을 찾을 수 있습니다. 이
규칙이 바로 문제를 해결할 수 있는 '모델'이 되는 것이죠.

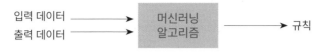

입력 데이터 ──────▶ 머신러닝
출력 데이터 ──────▶ 알고리즘 ──────▶ 규칙

머신러닝 알고리즘 동작방법

이렇게 훈련이 완료되면 모델은 그동안 경험하지 못했던 새로운 데이터도 처리할 수 있게 됩니다. 예를 들어, 훈련 데이터에 포함되지 않았던 새로운 고양이 사진을 입력으로 넣어주면 그동안의 학습결과에 따라 이 사진을 '고양이'라고 분류해줍니다.

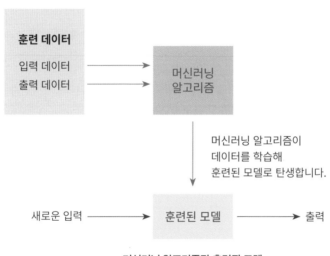

훈련 데이터

입력 데이터 ──────▶ 머신러닝
출력 데이터 ──────▶ 알고리즘

머신러닝 알고리즘이
데이터를 학습해
훈련된 모델로 탄생합니다.

새로운 입력 ──────▶ 훈련된 모델 ──────▶ 출력

머신러닝 알고리즘과 훈련된 모델

머신러닝 분야에서 '학습'은 꽤나 의미심장한 단어입니다. 그동안 소프트웨어를 만들면서 사용하지 않았던 이 단어가 인공지능 분야에서는 빠져서는 안 될 중요한 키워드가 되었으니까요.

　　　　　　　　　　　　　　　　　　3장. 기계가 학습하는 것, 머신러닝

훈련 데이터

오랜 배움의 시간을 갖는 우리에게 학습이란 의미있는 활동입니다. 학습을 통해 개인의 능력을 한 차원 높일 수 있는 과정이니 말이지요. '훈련'이란 '가르쳐서 익히게 함'이라는 뜻을 가지고 있는 말입니다. 훈련은 학습과 비슷한 의미를 갖는 것 같지만, 사전적으로는 다른 뜻을 가지고 있습니다. '훈련'이라는 용어는 체력 훈련과 같이 신체적인 능력을 키울 때 많이 사용하는 편이지만, '학습'은 지식을 배워서 익힐 때 사용하는 말이거든요.

인공지능 분야에서 훈련(training)과 학습(learning)이라는 용어를 혼용하는 편입니다. 그래서 모델 훈련에 사용하는 데이터를 '훈련 데이터' 또는 '학습 데이터'라고 부릅니다. 앞에서 설명한 것처럼 훈련 데이터는 입력 데이터와 레이블이 필요합니다.

훈련 데이터는 이 세상에 존재하는 데이터를 대표할 수 있도록 준비되어야 합니다. 예를 들어, 강아지 사진을 훈련 데이터로 사용한다면, 치와와, 비글, 진돗개 등 다양한 품종의 강아지 사진을 준비해야 합니다.

이제 막 인공지능을 공부하는 우리에겐 손에 주어진 훈련 데이터가 없습니다. 훈련 데이터를 준비하는 일은 시간과 노력을 필요로 하기 때문에 단순히 공부를 위해 훈련 데이터를 만들 필요는 없습니다.

이렇게 말하는 이유는 인공지능을 연구하는 전 세계 전문가들이 데이터를 공유하고 있어 이를 활용하면 되기 때문입니다. 그런 의미에서 인공지능 공부를 시작하는 여러분들을 위해 공개된 데이터 세트 몇 가지를 소개하고자 합니다.

MNIST 데이터

MNIST(Modified National Institute of Standards and Technology) 데이터 세트는 손으로 쓰여진 숫자 이미지를 말합니다. 이 데이터는 미국의 NIST(미국 국립표준기술연구소)라는 기관에서 만든 데이터인데요. 미국의 고등학생과 인구조사국 직원들이 쓴 숫자라서 그런지 글자 모양이 우리가 쓰는 스타일과 다른 모습입니다.

MNIST 손글씨 이미지

NIST에서 만들었던 데이터를 머신러닝에 활용하기에는 적합하지 않

3장. 기계가 학습하는 것, 머신러닝

았기 때문에 손글씨 이미지를 28×28 픽셀 이미지로 변경하고, 글자를 매 끄럽게 처리하였다고 합니다. 이런 이유로 NIST에 Modified(변경된) 단어 가 붙었습니다.

MNIST 데이터베이스는 60,000개의 훈련 이미지와 10,000개의 테스트 이미지를 포함하고 있습니다. 이 이미지는 새롭게 제안된 머신러닝 알고 리즘의 성능을 측정하기 위해 사용되기도 하고, 머신러닝 공부를 시작하 는 사람들을 위해 연습의 도구로 사용되고 있답니다.

MNIST 데이터는 다음 그림과 같이 인공신경 망♦의 입력으로 들어갑니다.

◆ 인공신경망은 4장에서 설명
하고 있습니다.

모델을 훈련시키기 위해 60,000개의 손글씨 이 미지와 레이블을 입력으로 넣어줍니다. 이 데이터로 훈련을 마친 모델은 손글씨로 작성된 숫자를 0에서 9 사이의 숫자로 분류할 수 있게 됩니다. 훈 련 데이터에 없는 새로운 데이터를 입력으로 넣어줘도 이것을 분류할 수 있는 능력이 생긴 것이죠.

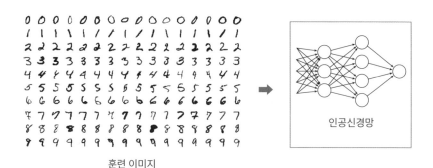

훈련 이미지

MNIST 데이터를 활용한 모델 훈련

예를 들어, 다음 그림과 같이 이미지 **5**를 훈련된 모델에 입력으로 넣어주면 높은 확률(0.823)을 가지는 클래스 5로 이 이미지를 분류해줍니다.

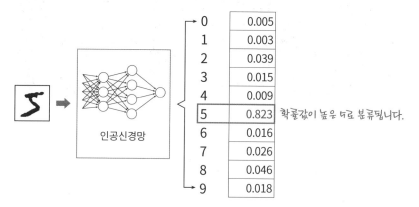

훈련된 모델을 활용한 이미지 분류

개념과 코딩 연결하기

텐서플로우(TensorFlow)는 머신러닝을 위한 오픈소스 플랫폼으로, 구글 브레인 팀에서 소스코드를 공개해 누구나 무료로 사용할 수 있는 오픈소스입니다. 텐서플로우에서는 MNIST 데이터를 다운로드 받을 수 있도록 load_data 메소드를 제공하고 있습니다.

```
import tensorflow as tf
(x_train, y_train), (x_test, y_test) = tf.keras.datasets.mnist.load_
data()
```

붓꽃 데이터 세트

다음으로 소개드릴 데이터는 붓꽃 데이터입니다. 다음 사진이 바로 붓꽃의 모습인데요. 꽃들을 살펴보면 제각기 다른 특징이 있습니다. Setosa는 Versicolor와 사뭇 다른 모습이지만, Versicolor는 Virginica와 비슷하게 생겼습니다.

3장. 기계가 학습하는 것, 머신러닝

| Setosa | Versicolor | Virginica |

붓꽃 종류

붓꽃 데이터 세트는 1936년 영국 통계학자이자 생물학자인 로널드 피셔의 논문을 통해 소개되었습니다. 이 데이터 세트에는 붓꽃의 종류마다 50개의 데이터가 포함되어 있는데요. 꽃의 종류가 3가지이기 때문에 총 150개의 데이터가 있습니다.

각각의 데이터에는 다음과 같이 꽃잎의 너비와 길이 그리고 꽃받침의 너비와 길이 데이터를 포함하고 있습니다. 각각의 데이터마다 '붓꽃 종류'가 있습니다. 이것은 모델을 훈련할 때 사용하는 레이블입니다.

꽃받침 길이	꽃받침 너비	꽃잎 길이	꽃잎 너비	붓꽃 종류
5.1	3.5	1.4	0.2	Setosa
4.9	3	1.4	0.2	Setosa
4.7	3.2	1.3	0.2	Setosa
...	...	...	...	...
6.3	3.3	4.7	1.6	Versicolor
4.9	2.4	3.3	1	Versicolor
6.6	2.9	4.6	1.3	Versicolor
...	...	...	...	...
6.7	3.3	5.7	2.5	Virginica

6.7	3	5.2	2.3	Virginica
6.3	2.5	5	1.9	Virginica
...	...	...	...	...

다음은 이 데이터들의 상관관계를 그래프로 표현한 그림입니다. 붉은 색 점은 Setosa를 의미하고, 녹색은 Versicolor, 파란색은 Virginica를 의미하는데요. 그림을 보면 알 수 있듯이 붉은색 점은 녹색이나 파란색 점과 확연히 구분이 되지만, 녹색과 파란색 점은 서로 인접하게 붙어 있는 것을 알 수 있지요. 즉, Versicolor와 Virginica의 데이터가 유사한 영역에 분포되어 있는 것을 알 수 있습니다.

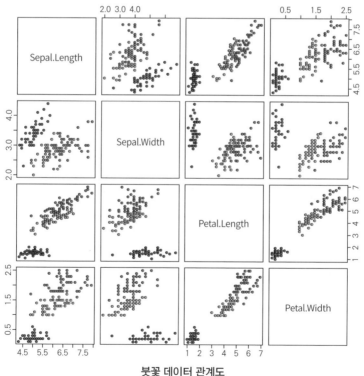

붓꽃 데이터 관계도

◆ '지도 학습'은 65쪽에서, '비지도 학습'은 68쪽에서 설명하고 있습니다.

◆◆ 사이킷런은 파이썬 언어를 위한 머신러닝 라이브러리인데요. 이 라이브러리에는 서포트 벡터 머신, 랜덤 포레스트 등과 같은 학습 알고리즘을 제공하고 있습니다.

이 데이터는 지도 학습◆ 알고리즘으로 잘 분류되는 특징이 있지만, 비지도 학습을 이용한 클러스터링(군집화)에는 좋은 결과를 얻지 못할 수 있습니다. 그 이유는 Setosa와 나머지 붓꽃 간에 차이가 확연이 드러나지만, Versicolor와 Virginica의 경우 둘의 구분이 명확하지 않기 때문이지요.

이 붓꽃 데이터의 유명세 덕분인지 '싸이킷런(Scikit-learn)'◆◆이라는 머신러닝 라이브러리에는 붓꽃 데이터 세트를 제공하고 있습니다.

개념과 코드 연결하기

다음은 '사이킷런'에서 붓꽃 데이터를 로딩하는 메소드를 보여주고 있습니다. load_iris()라고 작성하는 것만으로도 붓꽃 데이터가 다운로드되어 학습이 가능한 상태가 됩니다.

```
from sklearn.datasets import load_iris
data = load_iris()
```

검증 데이터

머신러닝에서 사용하는 데이터는 3가지 종류로 나뉩니다. 훈련 데이터(training data), 검증 데이터(validation data), 그리고 테스트 데이터(test data) 입니다. 이번 시간에는 검증 데이터를 함께 살펴보고자 합니다.

검증 데이터(validation data)에서 validation은 '검증'이라는 뜻을 가지고, 앞글자인 validate는 '유효한'이라는 뜻 가집니다. 단어 의미 그대로 검증 데이터는 모델이 유효한지 검증하기 위해 사용됩니다.

검증 데이터의 의미를 모르면 모든 데이터를 몽땅 훈련 데이터로 사용하는 실수를 범할 수 있기 때문에 이 데이터의 목적을 알고 가는 것이 중요하지요.

훈련 데이터로 모델을 너무 열심히 훈련시키면 훈련 데이터에 너무 꼭 맞는 '과대적합' 문제가 발생할 수 있습니다. 과대적합◆이 발생된 모델은 실전에서는 제 성능을 발휘하지 못하기 때문에 머신러닝을 하는 사람이라면 반드시 해결해야 할 문제이지요.

◆ 과대적합은 129쪽에서 설명하고 있습니다.

그렇다고 과대적합을 피하기 위해 훈련을 너무 일찍 멈추게 되면 오히

3장. 기계가 학습하는 것, 머신러닝

려 과소적합의 문제가 발생할 수 있습니다. 이것도 성능을 발휘하지 못하는 것은 마찬가지인데요. 이런 배경에서 과대적합과 과소적합 사이의 적정한 지점을 찾기 위해 검증 데이터를 사용합니다.

보통 훈련 데이터에서 일부 데이터를 검증 데이터로 떼어놓습니다. 이때 검증 데이터는 훈련 데이터와 유사한 분포로 데이터가 만들어져야 하지요.

유치원에서 학생들의 학습결과를 평가하기 위해 동물 사진에서 이름표를 제거하는 것처럼 모델을 확인할 때에는 입력에 레이블을 넣어주지 않습니다. 시험문제에 답을 적어놓을 수는 없는 일이니까요.

자, 모델을 확인해봅시다. 검증 데이터를 모델에 입력으로 넣어주면 출력이 나옵니다. 모델의 출력을 레이블과 비교해 다른 경우가 많다면 에러율이 높고, 적다면 에러율이 낮다고 말합니다. 이렇게 검증 데이터를 모델에 넣어주면서 에러율을 확인하면 적절한 학습 지점을 가늠할 수 있지요.

테스트 데이터

테스트 데이터는 모델을 '평가'하기 위해 사용합니다. 평가는 모델의 성능이 좋다 나쁘다를 판단하는 것인데요. 보통 성능을 알기 위해 정확도를 측정합니다. 95%의 정확률을 보인다면 성능이 매우 우수한 편이지만, 80%의 정확률을 보인다면 성능이 낮다고 볼 수 있습니다. 하지만, 성능이 좋다 나쁘다는 상대적인 수치이기 때문에 비교하는 대상에 따라 달라질 수 있겠지요.

테스트 데이터와 훈련 데이터는 서로 독립적이어야 합니다. 이 말은 훈련 데이터를 테스트(test)할 때 사용하면 안 된다는 의미입니다. 왜 그러냐고요? 실생활의 예로 설명해보겠습니다.

학생들에게 수업한 내용을 잘 이해했는지 시험을 치르려고 합니다. 만약, 시험문제를 교과서에 있는 문제 그대로 낸다면, 모든 학생들이 100점을 받게 될 겁니다. (물론 그렇지 않은 경우가 더 많습니다.) 이런 이유에서 학생들의 실력을 제대로 평가하기 위해서 교과서에 있는 문제를 그대로 사용하기보다는 교과서의 내용을 기반으로 새로운 문제를 출제하지요.

훈련 데이터와 테스트 데이터는 동일한 분포를 가지고 있어야 합니다.

예를 들어, 학생들이 과학 교과서 1장에서 6장을 범위로 중간고사를 본다고 생각해봅시다. 시험문제는 당연히 1장에서 6장에서 나와야 하고, 문제도 각 장마다 골고루 뽑혀져야겠지요. 그래야 학생들의 학습 결과를 골고루 평가할 수 있을 테니까요. 이렇게 교과서의 내용에 따라 시험문제를 골고루 낸다면 동일한 데이터 분포를 가지게 되는 것이랍니다.

아래는 훈련 데이터(왼쪽)와 테스트 데이터(오른쪽)를 그래프로 표현한 결과입니다. 입력 데이터를 파란색 점으로 찍어놓았는데요. 왼쪽과 오른쪽의 그림을 보면 점이 찍힌 위치가 대략 비슷합니다.

두 그림에서 데이터 추이를 그려놓은 노란색선과 녹색선이 유사한 것을 보니 훈련 데이터와 비슷한 분포로 테스트 데이터가 정해진 것을 알 수 있습니다. 이렇게 훈련 데이터와 테스트 데이터는 동일한 분포로 선정되는 것이 중요하답니다.

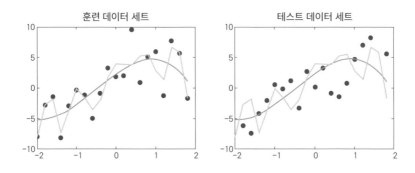

훈련 데이터와 테스트 데이터의 분포

지도 학습

아이방 벽에는 다음과 같은 동물 그림이 붙어 있는 것을 쉽게 볼 수 있습니다. 부모님들이 아이들의 학습을 위해 붙여놓은 것인데요. 동물 그림 아래에는 '고양이', '강아지', '돼지'라는 이름표도 붙어 있습니다. 부모님들은 아이들에게 고양이 그림을 가리키며, '이 동물이 고양이야'라고 지도를 해주지요.

고양이	강아지	돼지

66쪽에는 4가지 숫자가 나열되어 있습니다. 이들 숫자를 함께 읽어볼까요? 5, 0, 4, 1. 너무 쉽다고요? 세 번째 숫자가 약간 헷갈리긴 하지만, 그래도 이 정도는 어렵지 않게 읽어낼 수 있습니다. 우리가 이렇게 숫자를 읽을 수 있는 것은 어린 시절 부모님과의 학습과정이 있었기 때문입니다.

3장. 기계가 학습하는 것, 머신러닝

학생들은 선생님의 지도를 받으며 공부를 합니다. 사람들의 학습과정처럼 컴퓨터도 누군가의 지도를 받으며 학습을 하는데요. 예를 들어, 손글씨로 5가 쓰여진 사진을 컴퓨터에게 보여주고 '컴퓨터야, 이렇게 생긴 사진이 바로 5라는 숫자야' 라고 반복적으로 알려주는 과정이 바로 학습입니다.

앞에서 살펴본 동물 그림에 이름표가 붙어 있었던 것처럼, 숫자 사진에도 '5, 0, 4, 1'이라는 레이블◆이 붙어 있습니다. 이렇게 컴퓨터에게 입력 데이터와 레이블을 알려주고, 반복적으로 훈련시키는 방법을 '지도 학습'이라고 부릅니다.

◆ 레이블을 '타겟' 혹은 '정답' 이라고도 부릅니다.

손글씨 이미지				
레이블(정답)	5	0	4	1

입력 데이터와 레이블 간의 관계를 분석해 규칙을 찾아내는 것을 '학습'이라고 말합니다. 이 관계를 분석해주는 알고리즘을 '머신러닝 알고리즘' 혹은 '기계학습 알고리즘'이라고 부르지요.

서포트 벡터 머신(SVM), K-최근접 이웃 알고리즘(KNN) 등 다양한 머신러닝 알고리즘이 소개되어 있습니다. 이들 알고리즘은 미리 만들어져 판매되는 기성복과도 같은 존재인데요. 내 마음에 드는 기성복을 선택하듯이 우리에게 주어진 문제를 해결하기 위해 적절한 알고리즘을 선택해 사용합니다. 여기서 문제는 손글씨를 인식해야 하는 작업일 수도 있고, 자동차 번호를 인식해야 하는 일일 수도 있습니다.

적절한 알고리즘이 정해졌다 해도 아직 할 일이 남아 있습니다. 기성복을 구입하면 각자의 몸에 맞게 수선을 해야 하잖아요. 이렇듯 학습 알고리즘을 목적에 맞게 수선하기 위해 데이터로 훈련을 시켜줘야 합니다. 이런 훈련과정을 거치면 비로소 학습 알고리즘이 문제를 해결할 수 있는 '훈련된 모델'이 되는 것이죠. 이 모델은 이제 그동안 경험하지 못했던 새로운 데이터에 대한 출력값을 예측할 수 있습니다.

훈련된 모델은 소프트웨어의 일부 모듈로 탑재되어 주어진 문제를 정확하게 해결할 수 있도록 도와줍니다. 예를 들어, 편지봉투 인식 소프트웨어는 이 모델 덕분에 손글씨로 작성된 글자를 더 잘 인식할 수 있는 능력이 생기게 되지요.

지도 학습은 입력 데이터와 레이블(정답)의 관계를 정의하기 위해 모델의 함수를 정의하는 과정입니다. 그렇기 때문에 지도 학습에서는 항상 입력 데이터와 레이블이 쌍으로 준비되어 있어야 합니다. 그리고 수많은 데이터로 훈련을 시켜줘야 하지요. 부모님이 아이들에게 동물 이미지를 반복적으로 보여주며 학습을 시켜주듯이 컴퓨터도 대량의 이미지를 이용해 반복적으로 학습을 시켜준답니다. 이런 학습과정을 거쳐 컴퓨터도 동물을 구별할 수 있게 되는 것이죠.

비지도 학습

비지도 학습은 레이블 없는 데이터를 분석해 이전에 발견되지 않은 패턴을 찾고자 하는 방법입니다. 레이블이 없기 때문에 출력이 어떤 모습일지 정해져 있지 않고, 패턴을 찾은 결과가 얼마나 정확한지도 알기 어렵습니다.

그럼에도 불구하고 비지도 학습을 수행하는 이유는 레이블이 있는 데이터보다 레이블이 없는 데이터가 훨씬 더 많기 때문이죠. 그리고 레이블이 없더라도 데이터의 패턴을 보고 뜻밖의 의미를 찾을 수 있기 때문에 다음과 같이 군집화, 연관규칙 등을 위해 비지도 학습을 적용하고 있습니다.

· 군집화: 데이터를 유사도에 따라 자동적으로 분류해줍니다. 유사한 데이터들이 서로 가깝게 모여서 무리를 이루고 있다면 이것을 그룹으로 묶어줍니다. 예를 들어, 69쪽 그림에서 왼쪽과 같이 데이터들이 모여 있는 것을 파악해 오른쪽과 같이 3개의 그룹으로 묶어줍니다.

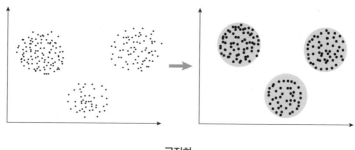

군집화

· 연관 규칙: 데이터에서 자주 함께 일어나는 항목들을 찾아줍니다. 예를 들어, 온라인 쇼핑에서 동시에 구매한 상품이 무엇인지 찾아낼 때 유용합니다.

강화 학습

　우리들은 주어진 환경과 상호작용하고, 상태를 관찰하며 보상이 강화되는 방향으로 행동합니다. 예를 들어, 좋은 대학에 가기 위해 공부를 열심히 해야 한다면, 좋은 대학에 가는 것은 '보상'이고, 열심히 공부하는 것은 '행동'이 되는 것이죠.

　강화 학습에서는 '에이전트(agent)'가 중요한 역할을 합니다. 이 에이전트는 환경과 상호작용하도록 만들어졌는데요. 에이전트가 어떤 행동을 하느냐에 따라 보상의 규모가 달라집니다. 에이전트가 긍정적인 행동을 하면 높은 보상을 받지만, 그렇지 않은 행동을 하면 벌칙을 받게 됩니다. 에이전트는 더 많은 보상을 받기 위해 행동하도록 설계되어 있습니다.

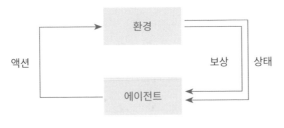

환경과 에이전트 관계

여기서 정책과 환경에 대한 개념을 이해할 필요가 있습니다. 정책이란 에이전트가 주어진 목표를 달성하기 위해 행해지는 방식을 말하고, 환경은 에이전트 주변의 상태를 말합니다.

예를 들어, 방에서 움직이고 있는 로봇이 특정 목표지점으로 이동하면 보상을 얻는다고 생각해보겠습니다. 목표지점에 도달하기 위해서는 여러 가지 방법이 있을텐데요. 벽을 따라 이동할 수도 있고, 목표지점으로 바로 직진할 수도 있습니다. 여기서 방은 환경이 되는 것이고, 목표지점으로 이동하기 위한 방법이 바로 정책입니다.

강화 학습은 지도 학습에서 사용하는 레이블을 필요로 하지 않습니다. 에이전트는 환경을 탐험하고, 환경과 상호작용하며, 어떤 행동을 취해야 하는지 스스로 결정을 내리기 때문이지요.

에이전트의 학습을 위해 인공신경망이 사용됩니다. 복잡한 인공신경망의 경우 수천만 개의 상태 정보를 입력으로 받을 수 있게 하고, 의미있는 행동을 취할 수 있도록 해주지요.

다음 그림에서 에이전트에 심층신경망(DNN, Deep Neural Network)이 들어간 것을 알 수 있는데요. 다양한 환경과 상호작용을 하여 보상에 맞게 정책을 세우기 위해 이러한 인공신경망이 사용되었습니다.

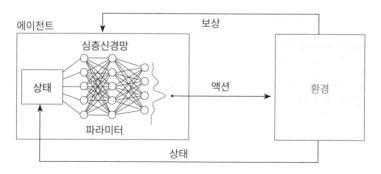

에이전트의 내부 모습

지도 학습 알고리즘

문제마다 적용할 수 있는 학습 알고리즘이 다를 수 있기 때문에 다양한 알고리즘을 이해하고 적용해보는 것이 중요합니다. 그럼 의미에서 이번 시간은 지도 학습을 위해 잘 알려진 학습 알고리즘을 간략히 살펴보도록 하겠습니다.

K-최근접 이웃

K-최근접 이웃 알고리즘(KNN, k-nearest neighbors)은 새로운 데이터가 주어지면, 가장 가까운 이웃 데이터를 찾아 이 데이터의 클래스와 동일하게 새로운 데이터를 분류합니다.

다음 그림에서 별표와 세모 데이터가 있습니다. 별표 데이터는 A클래스라는 의미로 주황색, 세모 데이터는 B클래스라는 의미로 파란색으로 표시하고 있습니다.

학습 알고리즘에게 별표 데이터는 A클래스라고 알려주고, 세모 데이터는 B클래스라고 알려주어 훈련의 과정을 거칩니다. 훈련을 마친 학습 알고리즘은 새로운 데이터를 받아 이 데이터의 레이블을 분류할 수 있게 되지요.

물음표로 표시된 데이터는 학습 기간 동안 보지 못했던 새로운 데이터입니다. 이 알고리즘은 새로운 데이터에 어떻게 반응할까요? 이름에서 힌트를 주듯이 이 알고리즘은 새로운 데이터와 가장 가까운 이웃 데이터를 찾습니다. 즉, 가장 가까운 데이터가 별표이므로 새로운 데이터를 A클래스로 분류합니다.

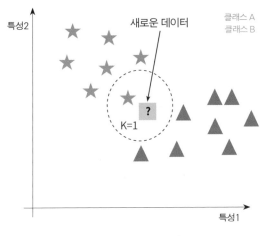

1-최근접 이웃 알고리즘

'K-최근접 이웃'에서 K가 붙은 이유는 K개의 가까운 이웃을 정하기 때문입니다. K를 3으로 정하면 새로운 데이터와 가까운 3개의 이웃데이터를 찾습니다. 그리고 인접 데이터의 거리와 개수를 고려해 클래스를 분류합니다. 74쪽 그림에서 원 안의 이웃 데이터는 세모가 2개이고 별표가 1개입니다. 세모 데이터가 더 많기 때문에 투표를 통해 새로운 데이터를 B클래스로 분류합니다.

3장. 기계가 학습하는 것, 머신러닝

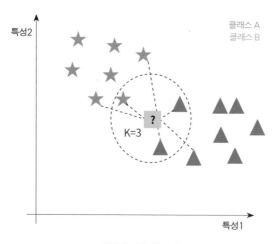

특성2

클래스 A
클래스 B

K=3

특성1

3-최근접 이웃 알고리즘

선형 회귀

선형 회귀(linear regression)는 두 변수의 상관관계를 모델링하는 회귀 분석 기법입니다. 여기서 하나의 변수는 종속변수이고, 다른 하나는 독립변수를 의미하는데요. 예를 들어, 티켓 가격이 독립변수라면, 티켓 가격에 영향을 받는 영화관 만족도는 종속변수가 됩니다. 티켓 가격이 영화관 만족도와 어떤 관계가 있는지를 알기 위해 이 기법을 사용하지요.

선형 회귀는 주어진 데이터 집합 $\{y_i, x_{i1}, \cdots, x_{ip}\}_{i=1}^{n}$에 대해, 종속 변수 y_i와 p개의 독립변수 x_i 사이의 선형 관계를 모델링합니다. 그러면 다음과 같은 다소 복잡해 보이는 수식으로 정의되지요.

$$y_i = \beta_1 x_{i1} + \cdots + \beta_p x_{ip} + \varepsilon_i = x_i^T \beta + \varepsilon_i, \quad i = 1, \cdots, n,$$

여기서 '선형'이라고 부르는 이유는 종속변수가 독립변수에 대해 선형 함수(1차 함수)의 관계에 있을 것이라 가정하기 때문입니다. 그렇기 때문에 선형 관계를 그림으로 그리면 아래와 같이 직선의 그래프가 그려집니다.

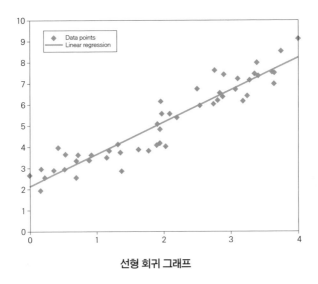

선형 회귀 그래프

선형 회귀 알고리즘은 선형 회귀 기법을 활용한 알고리즘입니다. 방금 전 살펴본 수식에서 x는 입력 데이터이고, y는 출력 데이터(레이블)입니다. 입력 데이터와 출력 데이터는 고정되어 있으니, 학습 알고리즘은 변경 가능한 β와 ε를 조정합니다. 즉, 입력 데이터와 출력 데이터에 맞도록 두 파라미터를 조정하는 것이 학습이지요.

학습 알고리즘이 학습해야 하는 파라미터

$$y_i = \beta_1 x_{i1} + \cdots + \beta_p x_{ip} + \varepsilon_i = \mathrm{x}_i^{\mathrm{T}} \beta + \varepsilon_i$$

이렇게 β와 ε이 정해지면, 두 변수의 선형 관계가 수학적으로 모델링됩니다. 이제 x라는 새로운 데이터를 받으면 이 수식을 이용해 y라는 값을 예측할 수 있게 됩니다.

3장. 기계가 학습하는 것, 머신러닝

의사결정나무

의사결정나무(decision tree) 알고리즘은 입력 데이터와 출력 데이터(레이블)를 연결시켜주기 위해 의사결정나무를 만들어줍니다. 이름에서 힌트를 주듯이 다음과 같이 뒤집힌 나무가 만들어집니다. 의사결정나무는 의사를 결정하는 '결정노드'와 나뭇가지의 맨끝에 위치하는 '리프노드'로 이루어져 있습니다. 맨 위쪽의 결정노드는 뿌리라는 의미로 '루트노드'라고 부릅니다.

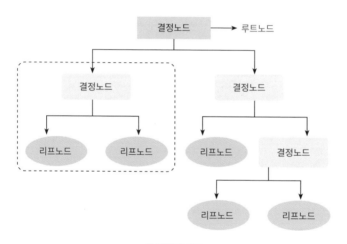

의사결정나무

결정노드에는 리프노드나 또 다른 결정노드로 분기하기 위해 질문을 포함하고 있습니다. 의사결정나무의 질문을 보면, 꼬리에 꼬리를 무는 스무고개 놀이와도 유사해 보입니다.

다음 그림과 같이 과일을 분류하기 위한 의사결정나무를 만든다고 생각해보겠습니다. 루트노드에 '무슨 색깔입니까?'라는 질문으로 의사결정나무를 시작합니다. 만약 대답이 '녹색'이라면 다음 결정노드에서 '크기가 어느 정도입니까?'라고 질문이 나옵니다. 이 질문에 '크다'라고 대답하면 수박으로 분류하고, '중간이다'라고 대답하면 사과로 분류합니다. 대답이 '작다'이면 '포도'로 분류하지요. 질문에 대한 대답이 리프노드까지 도달하면 주어진 입력 데이터에 대해 출력 데이터가 결정됩니다. 이 알고리즘에서의 학습이란 수많은 질문을 만드는 과정을 말합니다.

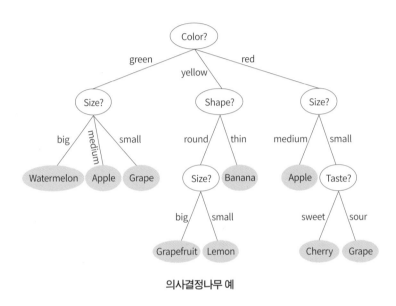

의사결정나무 예

다음은 유방암 진단에 사용되었던 데이터로 의사결정나무 알고리즘을 학습시킨 결과입니다. 각 결정노드에는 'worst concave points 〈=0.136'과 같이 조건식이 들어가 있는 것을 알 수 있습니다. 이 조건식이 일종의 질문인데요. 'worst concave points가 0.136보다 작거나 같은가요?'라는 질문에 '예'라고 대답하면 왼쪽으로 분기하고 '아니오'라고 대답하면 오른쪽 노드로 분기합니다.

스무고개 놀이와 같은 수많은 질문들이 만들어지면 이 알고리즘은 환자의 데이터를 보고 양성 여부를 예측할 수 있게 됩니다.

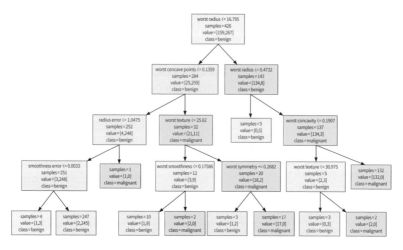

유방암 데이터로 만들어진 의사결정나무

랜덤 포레스트

랜덤 포레스트(random forest)는 숲의 개념을 활용한 알고리즘입니다. 의사결정나무가 나무 하나를 만들었다면, 랜덤 포레스트는 여러 개의 나무로 숲을 만들고, 나무들의 결과를 취합해 결과를 예측합니다. 숲을 보는 알고리즘이기 때문에 의사결정나무 알고리즘보다 더 높은 성능을 얻을 수 있습니다.

'랜덤'이라는 단어가 붙은 이유는 데이터 세트에서 데이터를 무작위로 골라 의사결정나무를 만들기 때문인데요. 원래의 데이터 세트에서 랜덤하게 데이터를 뽑아서 만들어진 수많은 작은 데이터 세트를 '부트스트랩 샘플'이라고 부릅니다. 랜덤하게 데이터를 뽑기 때문에 중복된 데이터가 뽑히기도 하고 어떤 데이터는 뽑히지 않을 수도 있습니다.

이렇게 뽑힌 샘플을 이용해 의사결정나무를 만듭니다. 랜덤의 특징 때문에 질문의 순서도 트리마다 다르게 결정됩니다. 즉, 랜덤 포레스트의 나

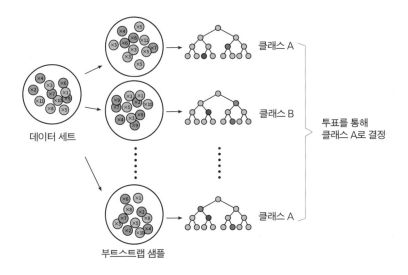

랜덤 포레스트 알고리즘

무들은 제각각 다른 형태로 만들어집니다.

3개의 의사결정나무를 만들었다고 가정해보겠습니다. 이 중 2개의 의사결정나무가 특정 입력값을 A클래스라고 분류하지만, 나머지 1개는 B클래스라고 분류한다면 투표를 통해 이 입력값을 A클래스라고 분류합니다.

어느 블로그(Dataaspirant)에서는 의사결정나무와 랜덤 포레스트를 이렇게 비유하고 있습니다. 도티가 여행을 가기 위해 가장 친한 친구에게 여행장소를 추천해달라고 요청합니다. 이 친구는 도티에게 몇 가지 질문을 한 후 도티가 좋아할 만한 장소를 추천해줍니다. 이것이 나무 하나를 이용하는 의사결정나무의 방법입니다.

한편, 인간관계가 더 넓은 잠뜰은 여러 친구에게 여행장소를 추천해달라고 요청합니다. 친구들이 잠뜰에게 이것저것 질문한 후 적절한 여행장소를 추천해주면, 잠뜰은 친구들의 의견을 받아 가장 많이 추천된 장소를 여행장소로 결정합니다. 이것이 랜덤 포레스트의 방법입니다.

3장. 기계가 학습하는 것, 머신러닝

이렇게 의사결정나무는 나무 하나를 만들어 학습을 시키지만, 랜덤 포레스트는 숲을 만들어 학습을 시키기 때문에 결과에 대한 정확도가 더 높을 수밖에 없지요.

나이브 베이즈 분류기

나이브 베이즈 분류기(Naïve bayes classifier)는 베이즈 정리에 기반을 둔 알고리즘입니다. 데이터의 특성을 활용해 확률을 계산한 후 확률이 큰 값으로 분류하는 방법인데요. 이 알고리즘에서는 특성이 서로 독립적이라는 점을 가정하기 때문에 '순진한'이라는 의미의 '나이브(naive)'라는 단어가 붙었습니다.

수학시간에 배웠던 베이즈 정리는 다음과 같습니다. 수식을 글로 표현하면 오른쪽과 같은데요. 사전확률과 조건부확률이 주어지면 관찰된 값의 확률을 이용해 사후확률을 구할 수 있습니다.

$$p(C_k \mid x) = \frac{p(C_k)p(x \mid C_k)}{p(x)} \qquad 사후확률 = \frac{사전확률 \times 조건부확률}{관찰된\ 값의\ 확률}$$

여기서 $p(C_k)$는 사전확률로 관찰 전에 구할 수 있는 확률을 의미하고, $p(C_k \mid x)$는 관찰된 값(x)에 대해 조건부(conditional)로 획득되는 사후확률을 의미합니다. $p(x)$는 관찰된 값이 나올 수 있는 확률이지요.

학습 데이터가 사전에 주어져 있고, 베이즈 정리를 이용해 사후확률을 구할 수 있다면 이 확률값을 이용해 새로운 데이터를 분류할 수 있습니다. 사후확률이 높은 쪽으로 분류하는 것이 바로 이 알고리즘이 데이터를 분류하는 방법입니다.

가우시안 베이즈 정리를 사용하는 나이브 베이즈 분류기를 예를 들어 설명해보겠습니다. 가우시안 베이즈에서는 조건부확률을 다음과 같이 계산합니다.

$$p(x{=}v \mid C_k) = \frac{1}{\sqrt{2\pi\sigma_k^2}} \, e^{-\frac{(v-\mu_k)^2}{2\sigma_k^2}}$$

여기서 μ_k는 C_k의 평균을 의미하고 σ_k는 C_k의 분산을 의미합니다.

아래 표에는 여성와 남성을 특징 지을 수 있는 키, 몸무게, 발 사이즈가 학습 데이터로 준비되어 있습니다.

학습 데이터

성별	키(피트)	몸무게(파운드)	발 사이즈(인치)
남성	6	180	12
남성	5.92	190	11
남성	5.58	170	12
남성	5.92	165	10
여성	5	100	6
여성	5.5	150	8
여성	5.42	130	7
여성	5.75	150	9

가우시안 베이즈 정리를 활용하기 위해 다음과 같이 학습 데이터의 평균과 분산을 구합니다.

학습 데이터 평균 및 분산

사람	키		몸무게		발 사이즈	
	평균	분산	평균	분산	평균	분산
남성	5.855	3.5033×10^{-2}	176.25	1.2292×10^{-2}	11.25	9.1667×10^{-1}
여성	5.4175	9.7225×10^{-2}	132.5	5.5833×10^{-2}	7.5	1.6667

다음과 같이 새로운 데이터가 주어졌다고 가정해보겠습니다. 다음과 같이 키, 몸무게, 발 사이즈가 샘플로 주어졌을 때 성별을 무엇으로 분류할까요? 몸무게와 발 사이즈를 보면 여성으로 분류해야 할 것 같은데, 키를 보니 남성인 것 같기도 합니다. 가우시안 나이브 베이즈 분류기는 어떻게 분류하는지 한번 살펴보겠습니다.

새로운 데이터

구분	키	몸무게	발 사이즈
샘플	6	130	8

다시 한번 강조하지만, 사전확률과 조건부확률이 주어지면 사후확률을 구할 수 있습니다. $P(\text{male})$이 사전확률이고, $p(\text{height} \mid \text{male})$, $p(\text{weight} \mid \text{male})$ 등이 조건부확률입니다. 그럼 사전확률과 조건부확률을 이용해 다음과 같이 남성과 여성에 대한 사후확률을 구해보겠습니다.

$$\text{사후확률(남성)} = \frac{P(\text{male})\, p(\text{height} \mid \text{male})\, p(\text{weight} \mid \text{male})\, p(\text{foot size} \mid \text{male})}{P(\text{관찰된 값})}$$

$$\text{사후확률(여성)} = \frac{P(\text{female})\, p(\text{height} \mid \text{female})\, p(\text{weight} \mid \text{female})\, p(\text{foot size} \mid \text{female})}{P(\text{관찰된 값})}$$

여기서 관찰된 값이 두 식에 동일하게 들어가 있으므로 분자만 계산하면 되겠군요. 계산 결과, 여성일 경우에 대한 사후확률($5.3778 \cdot 10^{-4}$)이 남성일 경우에 대한 사후확률($6.1984 \cdot 10^{-9}$)보다 높으므로 나이브 베이즈 분류기는 이 데이터를 여자로 분류합니다.

$$\text{사후확률(남성)} = \frac{6.1984 \cdot 10^{-9}}{P(\text{관찰된 값})} \qquad \text{사후확률(여성)} = \frac{5.3778 \cdot 10^{-4}}{P(\text{관찰된 값})}$$

여기서 잠깐!

남성에 대한 사후확률의 계산 과정을 상세히 살펴보겠습니다.

$$\text{사후확률(남성)} = \frac{P(\text{male}) \, p(\text{height} \mid \text{male}) \, p(\text{weight} \mid \text{male}) \, p(\text{foot size} \mid \text{male})}{P(\text{관찰된 값})}$$

학습 데이터에서 8명 중 male은 4명이고, female도 4명이므로 사전확률은 다음과 같이 계산됩니다.

$P(\text{male}) = 0.5 \quad P(\text{female}) = 0.5$

가우시안 베이즈 정리를 이용해 각각에 대한 조건부확률을 계산해보겠습니다.

관찰된 데이터(height)입니다.

훈련 데이터(height)에 대한 평균

$$p(\text{height} \mid \text{male}) = \frac{1}{\sqrt{2\pi\sigma^2}} \exp\left(\frac{-(6-\mu)^2}{2\sigma^2} \right) \approx 1.5789$$

훈련 데이터(height)에 대한 분산

여기서 평균 μ는 5.885, 분산 σ^2는 3.5033×10^{-2}입니다.

$$p(\text{weight} \mid \text{male}) = \frac{1}{\sqrt{2\pi\sigma^2}} \exp\left(\frac{-(130-\mu)^2}{2\sigma^2} \right) = 5.9881 \cdot 10^{-6}$$

$$p(\text{footsize} \mid \text{male}) = \frac{1}{\sqrt{2\pi\sigma^2}} \exp\left(\frac{-(8-\mu)^2}{2\sigma^2} \right) = 1.3112 \cdot 10^{-3}$$

각각을 대입하면 다음과 같이 남성일 경우에 대한 사후확률을 구할 수 있습니다.

$$\text{사후확률(남성)} = \frac{6.1984 \cdot 10^{-9}}{P(\text{관찰된 값})}$$

이번에는 여성에 대한 사후확률을 구해보겠습니다.

3장. 기계가 학습하는 것, 머신러닝

$$\text{사후확률(여성)} = \frac{P(\text{female})\, p(\text{height} \mid \text{female})\, p(\text{weight} \mid \text{female})\, p(\text{foot size} \mid \text{female})}{P(\text{관찰된 값})}$$

각각의 조건부확률을 계산하면 다음의 결과를 얻을 수 있답니다.

$p(\text{height} \mid \text{female}) = 2.2346 \cdot 10^{-1}$

$p(\text{weight} \mid \text{female}) = 1.6789 \cdot 10^{-2}$

$p(\text{foot size} \mid \text{female}) = 2.8669 \cdot 10^{-1}$

각각을 대입하면 다음과 같이 여성일 경우에 대한 사후확률을 얻을 수 있습니다.

$$\text{사후확률(여성)} = \frac{5.3778 \cdot 10^{-4}}{P(\text{관찰된 값})}$$

출처: 위키피디아

서포트 벡터 머신 (Support Vector Machine)

파란색과 주황색 점이 아래의 왼쪽 그림과 같이 분포되어 있습니다. 이 점을 나누기 위해 여러 개의 선을 그릴 수 있는데요. 3개의 선 중 어느 선이 두 종류의 점을 잘 분류할 수 있을까요?

질문에 대답을 드리기 전에 우선 서포트 벡터 머신 알고리즘에서 사용

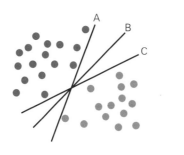
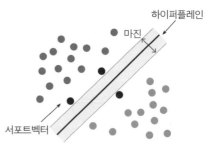

서포트 벡터 머신

하는 용어부터 설명드리겠습니다. 84쪽 오른쪽 그림에서 파란색과 주황색 사이의 선을 '하이퍼플레인(hyperplane)'이라고 부르고, 선 주위 근처의 점을 '서포트 벡터(support vector)'라고 부릅니다. 그리고 점선의 사이 간격을 '마진(margin)'이라고 부르죠.

서포트 벡터 머신 알고리즘의 경우 두 데이터를 분류하기 위해 A, B, C 중 B를 선택합니다. B를 선택한 이유는 하이퍼플레인과 서포트 벡터간의 간격(마진)이 가장 넓기 때문입니다(아래 왼쪽 그림). 반면 A와 C의 경우는 인근 점들과의 간격이 좁기 때문에 바람직하지 않습니다(오른쪽 그림). 이와 같이 마진을 넓게 해 두 데이터를 분류하기 위한 직선을 그리는 알고리즘을 '서포트 벡터 머신'이라고 부릅니다.

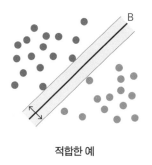

적합한 예

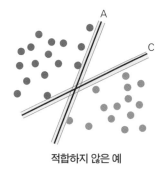

적합하지 않은 예

4장

뉴런으로 이루어진
인공신경망

퍼셉트론

우리 뇌는 수많은 신경세포(뉴런)로 이루어져 있습니다. 신경세포가 연결되어 거대한 네트워크를 이루는데, 이것을 신경망(neural network)이라고 부릅니다.

뉴런(neuron)은 신호를 전달하는 세포입니다. 하나의 뉴런에서 다른 뉴런으로 신호가 전달되기 위해 시냅스(synapse)라는 연결 부분이 있습니다. 우리 몸의 5대 감각을 통해 입력이 들어오면, 뉴런을 통해 신호가 전달되는데요. 우리 뇌의 신호는 뉴런의 시냅스를 통해 흐르게 됩니다. 과학

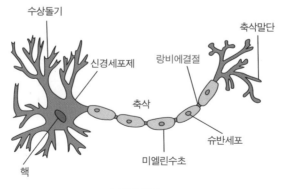

뉴런의 구조

4장. 뉴런으로 이루어진 인공신경망

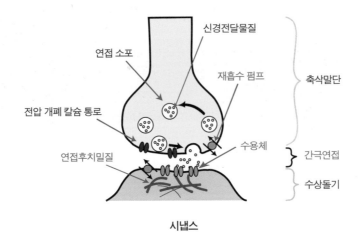

시냅스

자들은 이런 인간의 뇌에서 영감을 받아 인공신경망(artificial neural network)에 대한 연구를 시작했습니다.

우리가 인공신경망을 이해하기 위해서는 이것의 기초 연구가 이루어졌던 과거로 돌아가야 합니다. 그 이유는 인공신경망이 퍼셉트론을 기반으로 발전한 분야이기 때문이지요. 1958년 사람의 뇌처럼 반응하는 학습이 가능한 소프트웨어를 고민하며 프랑크 로젠블라트는 '퍼셉트론(Perceptron)'이라는 개념을 제안합니다.

퍼셉트론이란 입력이 주어졌을 때 0 또는 1이라는 출력이 나오는 가장 기본적인 인공신경망을 의미하는데요. 퍼셉트론의 동작은 다음 식과 같이 매우 간단합니다. $x1, x2$와 같은 입력에 가중치 $w1, w2$를 곱하고, 편향(b)이라는 값을 더하면 되지요.

$$Y = \Sigma(\text{가중치} * \text{입력}) + \text{편향}$$

'활성화 함수'라는 것이 있어서 이들을 모두 더한 값이 임계값(0)보다

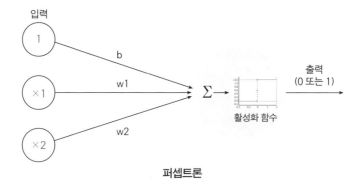

퍼셉트론

크다면 뉴런이 활성화되어 1로 출력하고, 작다면 0을 출력합니다.

지금까지 설명한 퍼셉트론을 그림으로 표현하면 위쪽의 그림과 같습니다. 어떤 입력값이든 출력을 0과 1로 결정하기 때문에 '바이너리 분류기' 혹은 '이진분류기(Binary Classifier)'라고 부릅니다.

가중치라는 단어에서 암시하듯이 뉴런(동그라미)이 모든 입력을 평등하게 받아 처리하는 것은 아닙니다. 어떤 입력값은 비중을 더해 받고, 어떤 입력값은 비중을 줄여서 받지요. 이것이 바로 가중치(weight)의 역할이지요.

퍼셉트론에서 가중치의 역할이 매우 중요합니다. 입력값과 출력값은 이미 정해져 있기 때문에 이 둘 사이를 연결해줄 아주 적절한 가중치를 찾아야 하거든요.

퍼셉트론을 이용해 92쪽 그림과 같이 파란색 점과 주황색 점을 분류하기 위해 선을 그을 수 있습니다. 퍼셉트론은 직선을 그어 데이터를 나눌 수 있는 선형분류기인데요. 이 퍼셉트론에는 한계가 있었습니다. 파란색 점과 주황색 점이 오른쪽 그림과 같이 분포할 경우 퍼셉트론을 이용해 나눌 수 없다는 한계였지요.

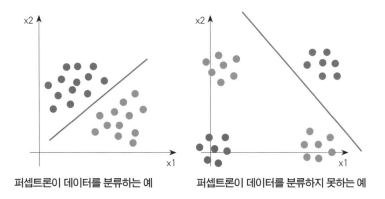

퍼셉트론이 데이터를 분류하는 예　　퍼셉트론이 데이터를 분류하지 못하는 예

　당시 인공지능 연구에 높은 기대를 가졌지만, 1969년 출간된 마빈 민스키와 시모어 페퍼트의 저서 『퍼셉트론』을 통해 단층 퍼셉트론이 이런 간단한 문제도 해결하지 못한다는 사실이 증명되면서 정부의 투자가 줄어들고 '인공지능 겨울'을 보내게 됩니다.

　한편, 1986년 제프리 힌튼은 단층 퍼셉트론의 못하는 일을 여러 개 층으로 구성된 다층 퍼셉트론이 할 수 있다는 사실을 발견하는데요. 다층 퍼셉트론(Multilayer Perceptron, MLP)을 사용하면 다음과 같이 선을 2개 그려 파란색 점과 주황색 점을 나눌 수 있다는 내용이었죠. 이렇게 다층 퍼셉트론이 XOR 문제를 해결할 수 있다는 사실을 발견하면서 인공지능 연구에 진전이 생겨납니다.

1개 은닉층　　　　　　　　　　　2개 은닉층

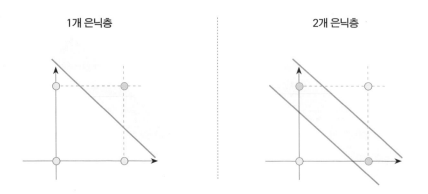

퍼셉트론이 다음과 같은 데이터를 분류하지 못하는 문제를 'XOR 문제'라고 부릅니다. XOR 게이트가 어떻게 동작하는지 이해한다면 왜 XOR이라는 이름이 붙었는지 이해할 수 있습니다.

위 그림이 바로 XOR게이트입니다. 두 입력값이 서로 다르면 1을 출력하고, 같으면 0을 출력하는 논리 게이트인데요. 아래 왼쪽 표에 보면, $x1$과 $x2$의 값이 (0, 0)으로 동일하면 0의 출력이 나옵니다. 반대로 $x1$과 $x2$의 값이 (0, 1)로 다르면 1의 출력이 나옵니다. 이 데이터를 점으로 찍으면 오른쪽 그림과 같은 그래프가 그려지는데요.

단층 퍼셉트론으로는 이와 같은 데이터를 분류하지 못하기 때문에 이것을 'XOR 문제'라고 부릅니다.

입력		출력	점 색깔
$x1$	$x2$		
0	0	0	파란색
0	1	1	주황색
1	0	1	주황색
1	1	0	파란색

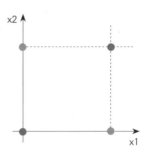

인공신경망

인공신경망(ANN, Artificial Neural Network)은 다음과 같이 퍼셉트론이

여러 개의 층으로 이루어진 다층 퍼셉트론♦을 말

◆ 다층 퍼셉트론을 '바닐라 네
트워크'라고 부르기도 합니다.

합니다. 뉴런이라고 불리는 동그라미(노드)와 이

동그라미를 이어주는 화살표로 여러 개의 뉴런이 복잡하게 연결됩니다.

인공신경망의 맨 왼쪽의 층을 입력층이라고 하고, 오른쪽의 층을 출력층

이라고 하는데요. 왼편에서 입력이 들어오면, 화살표를 따라 오른편에 출

력이 나옵니다.

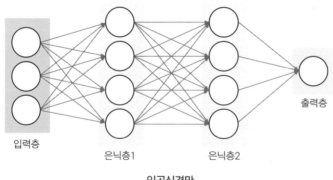

인공신경망

전문가들은 인간의 뇌에서 영감을 받아 만든 이 신경망에 '인공(artificial)'이라는 말을 붙였습니다. 인공신경망은 컴퓨터에서 동작하는 일종의 알고리즘인데요. 인공신경망이 인간의 뇌에서 영감을 받아 만들어졌지만, 그렇다고 이것은 인간의 뇌 수준은 아닙니다. 전문가들은 인공신경망을 그저 통계학적 학습 알고리즘 수준으로 소개하고 있으니까요.

'알고리즘'이라는 단어는 어떤 문제를 해결하기 위한 코드를 말합니다. '학습 알고리즘'이라는 말을 사용한 것을 보면, 기계가 학습할 수 있도록 작성된 코드라는 것을 알 수 있습니다. 무엇인가를 알려주면 배울 수 있는 능력을 가지고 있기 때문에 '학습'이라는 단어가 붙은 것이지요.

인공신경망의 학습과정은 어린 시절 아이들의 학습방법과도 유사합니다. 고양이 사진을 보여주고, '인공지능아! 이게 고양이 사진이야'라고 알려주면 알고리즘 내부에 전기신호가 흘러 변화가 일어납니다.

전기신호는 앞에서 살펴본 가중치에 영향을 미칩니다. 가중치는 노드에 들어오는 입력의 세기를 달리하여 출력으로 내보내줄 수 있는 역할을 하는데요. 인공신경망의 학습 알고리즘에서 '학습'은 이 가중치를 결정하는 과정입니다. 이 숫자를 결정하기 위해 통계적 기법이 동원되는 것이지요.

인공신경망은 여러 개의 뉴런으로 연결되어 있습니다. 하나의 뉴런은 이전 뉴런에서 받은 입력 데이터를 내부적으로 처리한 후 그 결과를 출력으로 내보냅니다. 뉴런 내부적으로는 입력 데이터에 가중치를 곱하고 그 결과를 모두 더한 다음에 활성화 함수를 통과시킵니다.

인공신경망의 뉴런

입력값과 출력값은 처음부터 고정되어 있습니다. 인공신경망에서 바꿀 수 있는 변수는 가중치이기 때문에 입력에 맞는 출력이 나오도록 가중치를 적절히 결정해야 하지요. 예를 들어, 입력층에 **2**모양의 이미지 데이터를 넣어주면 출력층에서 2가 출력되도록 가중치를 조정해줘야 합니다.

가중치는 입력값에 대해 중요도를 더해주는 값입니다. 그렇기 때문에 가중치의 효과는 다음 그림처럼 입력층에서 출력층으로 가는 화살표의 두께로 표현할 수 있습니다. 이렇게 가중치에 따라 출력층의 특정 노드에 영향을 미치게 되는 것이죠.

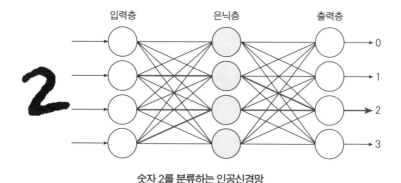

숫자 2를 분류하는 인공신경망

활성화 함수

뉴런에 들어 있는 활성화 함수는 입력값을 '활성화'하여 출력으로 바꿔주는 함수입니다. 이 활성화 함수는 인공신경망이 원하는 출력 범위를 갖도록 입력 데이터를 변환해줍니다.

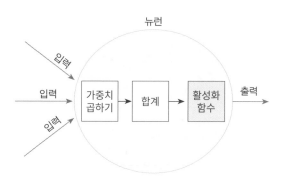

노드의 활성화 함수

다음과 같이 데이터가 퍼져 있을 경우 퍼셉트론은 선을 그어 파란색 점과 주황색 점을 분류할 수 있습니다. 반듯하게 그어진 선을 기준으로 파란색 점은 0으로 판별하고, 주황색 점은 1로 판별합니다.

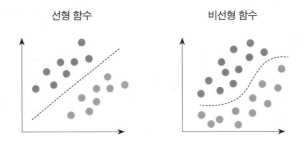

선형 함수 | 비선형 함수

왼쪽 그림과 같이 반듯한 선 모양으로 데이터를 나눌 수 있는 함수를 '선형 함수'라고 부르고, 오른쪽 그림과 같이 구부러진 선 모양으로 데이터를 나눌 수 있는 함수를 '비선형 함수'라고 부릅니다.

복잡한 문제를 풀기 위해 다층 퍼셉트론을 사용해야 하고, 각 노드의 활성화 함수에 비선형 함수를 사용해야 합니다. 다층 퍼셉트론에 선형 함수를 사용하면 단층 퍼셉트론을 사용하는 것과 동일한 효과가 나타나기 때문에 여러층으로 구성된 다층 퍼셉트론을 구현할 때는 선형 함수를 쓰지 않고 비선형 함수를 사용합니다.

활성화 함수로는 시그모이드, ReLU, 소프트맥스 등이 있는데요. 이제부터 각각의 활성화 함수를 함께 살펴보도록 하겠습니다.

시그모이드 함수

시그모이드(sigmoid) 함수◆는 S자형 곡선 또는 시그모이드 곡선을 갖는 함수입니다.

◆ 시그모이드 함수는 출력값이 0과 1사이에서 결정되기 때문에 회귀 분석이나 이진분류를 위해 사용되고 있습니다.

$$A = \frac{1}{1+e^{-x}}$$

이 함수를 그래프로 표현하면 99쪽 그림과 같습니다. 그림에서 입력값이 6이라면 y값이 1에 가깝게 되고, -6이라면 y값이

0에 가깝게 결정되는 것을 볼 수 있습니다. 그리고 입력값이 0이라면 0.5라는 출력을 얻는군요.

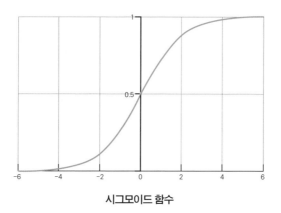

시그모이드 함수

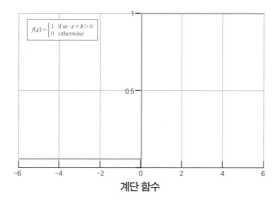

$$f(x) = \begin{cases} 1 & \text{if } w \cdot x + b > 0 \\ 0 & \text{otherwise} \end{cases}$$

계단 함수

계단 함수는 입력값이 0일 때 출력이 0에서 1로 급작스럽게 바뀌지만, 시그모이드 함수는 선이 부드럽게 그려지는 것이 특징입니다. 이런 부드러움은 나중에 설명드릴 경사하강법에서 가중치를 찾는 데 도움이 되지요.

ReLU 함수

'수정된 선형 장치(rectified linear unit)'라는 의미를 갖는 ReLU 함수는 다음과 같이 경사진 모양처럼 생겼습니다. 선형이긴 하지만, 계단 함수처럼 0을 기준으로 값이 확 달라지지 않고 시그모이드 함수처럼 서서히 달라집니다. 그래프를 보면 알 수 있듯이 0보다 작은 값은 0으로 출력하고, 0보다 큰 값은 입력값 그대로 출력하는 함수이지요.

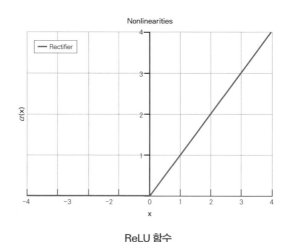

ReLU 함수

이 함수는 2000년에 소개되었지만, 2011년에야 비로소 딥러닝 분야에서 그 유용성이 확인되었습니다. 시그모이드 함수와 비교할 때 더 나은 학습 결과를 보인다는 사실이 증명되면서 최근 많이 사용되고 있습니다.

개념과 코딩 연결하기

다음 코드는 케라스 라이브러리를 이용해 활성화 함수를 ReLU로 정하고 있습니다.

```
model.add(keras.layers.Dense(16, activation='relu'))
```

소프트맥스 함수

소프트맥스(softmax) 함수는 입력값을 받아 출력값으로 확률분포 (0~1)를 제시해주는 함수인데요. 출력층의 확률값을 모두 더하면 1이 되는 것이 특징입니다.

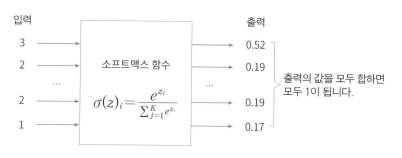

소프트맥스 함수

소프트맥스 함수는 다중 분류 문제를 풀고자 할 때 출력층에 사용합니다. 예를 들어, 다음과 같이 이미지를 입력으로 넣어주고 티셔츠, 바지, 스웨터, 드레스 등으로 분류하고자 한다면 소프트맥스 함수를 사용합니다.

4장. 뉴런으로 이루어진 인공신경망

아래 그림의 경우 바지의 확률(0.735)이 가장 높으므로 입력 데이터를 바지로 분류합니다.

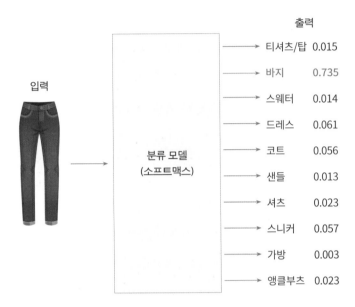

바지를 분류하는 이미지 분류 모델

개념과 코딩 연결하기

소프트맥스 함수는 보통 신경망의 출력층에 사용되는데요. 다음 코드는 활성화 함수로 softmax가 사용되고 있는 것을 알 수 있습니다.

```
model.add(keras.layers.Dense(10, activation='softmax')
```

다음과 같은 인공신경망에서 출력의 범위가 0과 1 사이가 되도록 하려면 시그모이드 함수를 사용하고, 0에서 그 이상의 값이 되도록 하려면 ReLU 함수를 사용합니다.

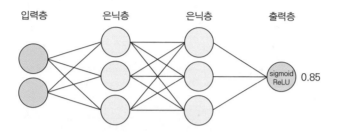

소프트맥스가 사용된 아래 그림에서 출력층에 4개의 노드가 있습니다. 노드가 4개가 있다는 것은 입력 데이터를 분류하는 클래스가 4개라는 의미인데요. 각각의 노드는 0.04, 0.85 등과 같이 확률값을 출력하고, 이들을 모두 더하면 1이 된답니다. 여기서 가장 높은 확률값을 가지는 노드가 출력으로 정해집니다. 예를 들어, 이미지 데이터가 입력으로 들어오면 출력층에서는 확률값이 가장 높은 세 번째 노드가 출력으로 결정되지요.

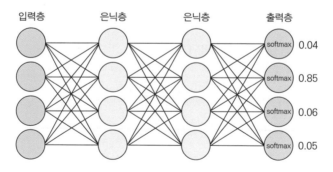

손실 함수

유치원에서 아이들이 동물의 사진을 보고 이름을 잘못 말하면 선생님은 이를 바로잡아 학습을 도와줍니다. 인공신경망에도 이런 과정이 있는데요. 모델의 출력값과 레이블값이 다르면 손실 함수를 이용해 얼마나 다른지를 계산하고 학습에 반영합니다.

손실 함수(loss function)는 레이블과 출력값의 오차를 계산해주는 함수입니다. 의미 그대로 모델의 손실값을 계산하는 함수인데요. 레이블값과 모델의 출력값의 차이가 크다면 손실값이 커지고, 차이가 작다면 손실값도 작아집니다.

학습은 최적의 가중치를 찾는 과정이라고 설명드렸었는데요. 이를 손실 함수와 관련지어 설명하면 모델의 손실값이 최소인 가중치를 찾는 것이 바로 학습입니다.

손글씨로 쓰여진 숫자 이미지를 이에 맞는 숫자로 분류하는 모델을 '분류 모델'이라고 하고, 과거의 값을 이용해 미래의 값을 예측하는 모델을 '회귀 모델'이라고 말합니다. 예를 들어, 회귀 모델은 과거의 주택 가격, 인구밀도 등을 분석해 미래의 주택 가격을 예측하는 것이죠.

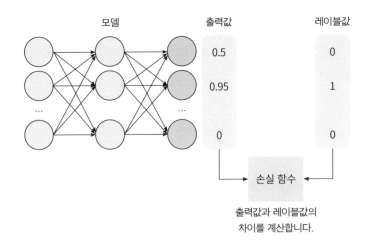

모델의 오차 계산 방법

대표적인 손실 함수는 크로스 엔트로피와 평균제곱오차 등이 있습니다. 분류 모델의 손실값을 계산하기 위해 크로스 엔트로피를 사용하고, 회귀 모델의 손실값을 계산하기 위해 평균제곱오차와 평균절대오차를 사용하는데요. 각각을 함께 살펴보도록 하겠습니다.

크로스 엔트로피

크로스 엔트로피(cross entropy)는 분류 모델의 성능을 측정하기 위해 사용합니다. 분류 모델은 영화 리뷰를 긍정 혹은 부정으로 분류할 수도 있고, 손글씨로 쓴 숫자 이미지의 패턴을 보고 해당 숫자로 분류합니다. 성능이 좋다는 것은 이런 분류를 정확히 수행하는 것을 말하는데요. 여기서 리뷰를 긍정 혹은 부정으로 분류하는 것을 '이진분류'라고 한다면, 숫자를 0에서 9사이의 여러 클래스를 분류하는 것을 '다중 클래스 분류'하고 합니다.

분류를 위한 손실 함수로는 크로스 엔트로피가 사용됩니다. 우선 이진분류 모델을 위한 크로스 엔트로피를 살펴볼까요? 이진분류기는 의미 그대로 0과 1로 분류하는 모델입니다. 이진분류를 위한 크로스 엔트로피는 다음과 같은 수식을 사용합니다. 여기서 y는 레이블값을 의미하고, p는 모델의 출력값을 의미합니다.

$$-(y\log(p) + (1-y)\log(1-p))$$

수식에서 로그함수가 사용된 것을 알 수 있습니다. 이것을 그림으로 표현하면 다음과 같습니다. 그림을 보면 예측확률값이 1에 가까워지면 손실값이 천천히 감소하고, 확률값이 0에 가까워지면 손실값이 급격하게 증가하는 것을 볼 수 있습니다.

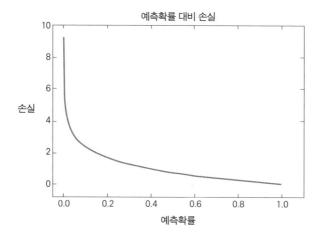

머신러닝에서는 이 점이 아주 중요한데요. 레이블값과 실제 출력값의 차이가 작아 모델의 예측확률이 높아지게 된다면 손실값은 완만하게 줄어들지만, 두 값의 차이가 커져 모델의 예측확률이 낮아지게 된다면 손실값은 급격하게 올라갑니다. 쉽게 말해, 모델이 입력 데이터를 정확히 잘 분류한다면 손실값이 작아지게 되고, 그렇지 않다면 손실값은 커지지요.

이번에는 다중 클래스 분류를 위한 손실 함수를 살펴보겠습니다. '다중 클래스 분류'란 여러 개의 클래스에서 하나를 정하는 것을 의미하는데요. 앞서 설명드린 손글씨를 분류하는 것이 다중 클래스 분류에 해당합니다. 다중 클래스 분류를 위한 크로스 엔트로피는 다음과 같이 수학적으로 표현되는데요. y_i는 레이블값이고, p_i는 모델의 출력값입니다.

$$-\sum_{i=1}^{m} y_i \log p_i$$

다음과 같이 데이터가 주어졌다고 가정해보겠습니다. 크로스 엔트로피를 이용해 손실값을 계산하면 어떤 결과를 얻을 수 있을까요? 우선 A세트와 B세트의 데이터를 한번 분석해보겠습니다.

훈련 데이터	A세트		B세트	
	모델 출력	레이블	모델 출력	레이블
샘플1	0.05	0	0.1	0
샘플2	0.95	1	0.8	0
샘플3	0	0	0.1	1

A세트에서 샘플2의 경우 모델 출력이 0.95이고, 레이블이 1이므로 모델 출력값과 레이블이 거의 비슷합니다. B세트의 경우 모델 출력값이 0.8이지만 레이블값은 0으로, 두 값의 차이가 큽니다. 이렇게 두 값의 차이가 크게 난다면 손실값이 커지고, 두 값의 차이가 작다면 손실값은 작아지게 되지요. 그러므로, A세트의 손실값이 B세트의 손실값보다 작습니다.

손실 함수를 계산한 결과 A세트의 손실값은 0.03419546이 나오지만,

B 세트는 1.3391274가 나옵니다. 모델의 출력값과 레이블값이 다르니 B 세트의 손실값이 크게 계산된 것이지요.

개념과 코딩 연결하기

텐서플로우에서는 다음과 같이 binary_crossentropy()와 categorical_crossentropy() 를 제공하고 있어 모델의 출력값과 레이블값에 대한 오차를 계산할 수 있습니다.

```
y_lable = [[0, 1, 0], [0, 0, 1]]
y_pred= [[0.05, 0.95, 0], [0.1, 0.8, 0.1]]

tf.keras.losses.binary_crossentropy(y_lable, y_pred)
tf.keras.losses.categorical_crossentropy(y_true, y_pred)
```

평균제곱오차

평균제곱오차(MSE, Mean Square Error)는 회귀 모델에서 가장 일반적으로 사용되는 손실 함수입니다. 이것도 레이블값과 모델의 출력값의 오차를 구해주는 함수이지요. 물론 레이블값과 모델의 출력값이 거의 유사해야 모델이 잘 동작하는 것이므로, 이 손실 함수의 값이 작아야 좋은 겁니다.

평균제곱오차를 구하는 함수를 이해해볼까요? y_i는 레이블값이고, p_i는 모델이 예측한 값입니다. 훈련 데이터가 여러 개일테니 각각에 대한 차이를 구하고 제곱을 해준 후 평균을 계산합니다.

$$MSG = \frac{1}{n}\sum_{i=1}^{n}(y_i - p_i)^2$$

평균절대오차

평균절대오차(MAE, Mean Absolute Error)도 회귀 모델을 위해 자주 사용되는 손실 함수입니다. 훈련 데이터가 여러 개일테니 각각에 대한 차이를 구한 후 절댓값을 구해 평균을 계산합니다. 여기서 y_i는 레이블값이고, p_i는 모델이 예측한 값입니다. 평균제곱오차(MSE)와 다른 점은 제곱값 대신에 절댓값을 사용합니다.

$$MAE = \frac{1}{n}\sum_{i=1}^{n} |\, y_i - p_i\,|$$

만약 훈련 데이터에 이상 데이터가 포함되어 있다고 생각해보겠습니다. 이상 데이터는 옹기종기 모여 있는 데이터와 다르게 혼자 멀리 떨어져 있는 '이상한' 데이터를 말합니다. 평균제곱오차(MSE)는 오차를 제곱하기 때문에 손실 함수의 값이 평균절대오차(MAE)보다는 매우 커집니다. 예를 들어, 오차가 -10이라면 평균제곱오차는 100이 되지만, 평균절대오차는 10이 됩니다.

평균제곱오차를 사용하면 학습과정에서 이상 데이터에 민감하게 반응하기 때문에 우리가 원하는 훈련 결과를 얻기 어려울 수 있습니다. 이런 이유로 모델을 훈련하기 전에 이상 데이터를 제거해야 한답니다.

개념과 코딩 연결하기

케라스에서는 평균절대오차를 계산하도록 MeanAbsoluteError 메소드를 제공하고 있습니다.

```
y_true = [[0., 1.], [0., 0.]]
y_pred = [[1., 1.], [1., 0.]]
mae = tf.keras.losses.MeanAbsoluteError()
```

오차역전파법

가중치의 역할

뉴런은 입력 데이터를 받아 처리한 후 그 결과를 출력으로 내보냅니다. 입력을 받은 노드의 내부에서는 곱하기와 더하기 작업이 한창인데요. 아래와 같이 입력값과 가중치를 곱하고 이들을 더한 다음에 활성화 함수에 입력으로 넣어줍니다. 활성화 함수는 이 값이 기준보다 크다면 1을 출력값으로 내보내고, 작다면 0을 출력값으로 내보냅니다.

이 내용을 수학적으로 표현하면 다음과 같습니다. w가 가중치이고, x가 입력값입니다. 그리고, b는 편향이지요. 활성화 함수 $w_1x_1+w_2x_2+b$가 0보다 크다면 1을 출력하고, 0보다 작거나 같으면 0을 출력합니다

$$y = \begin{cases} 1 \ (w_1x_1+w_2x_2+b > 0) \\ 0 \ (w_1x_1+w_2x_2+b \leq 0) \end{cases}$$

모델에 들어가는 입력값과 모델로부터 나오는 출력값은 이미 정해져 있습니다. 여기서 출력값은 우리가 모델에 기대하는 값인 '레이블'입니다.

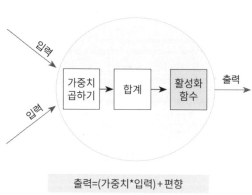

노드 내부에서 일어나는 일

만약, 고양이 이미지를 모델의 입력으로 넣어주면, 우리는 모델의 출력이 '고양이'이길 기대합니다. 모델의 실제 출력값이 레이블값과 동일하게 나온다면 이 모델은 잘 동작한다고 판단합니다.

모델의 실제 출력과 기대 출력이 항상 같지만은 않습니다. 어떤 경우에는 고양이 이미지를 보여주었는데, '아기 호랑이'라고 잘못된 출력이 나올 수도 있지요. 이런 차이를 우리는 '오차'라고 말씀드렸는데요. 이 오차가 적으면 적을수록 모델의 성능이 좋다고 말합니다.

모델을 훈련하기 위해서는 가중치에 관심을 가져야 합니다. 입력값과 출력값은 고정되어 있기 때문에 변할 수 있는 값인 가중치를 바꿔야 하기 때문이지요.

변수
↓
$$출력 = \Sigma(가중치 * 입력) + 편향$$
└──── 상수 ────┘

기대출력과 실제출력의 차이, 오차

'오차(error)'란 모델에 기대하는 출력과 모델에서 나온 실제 출력의 차이를 말합니다. 앞에서 손실 함수를 통해 오차를 계산하는 방법을 알아봤는데요. 기대출력과 실제출력의 차이가 크다면 이것을 '오차가 크다'라고 말합니다. 모델을 학습시켜야 하는 우리는 오차가 적어지도록 가중치를 조정해야 합니다.

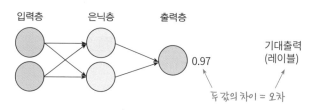

인공신경망의 오차

모델을 훈련시키면 다음과 같은 손실 그래프를 확인할 수 있습니다. 그래프로 보니 훈련을 반복할수록 손실값이 줄어드는 것을 알 수 있는데요. 학습을 반복하면서 손실값을 줄이도록 가중치를 조정했기 때문입니다.

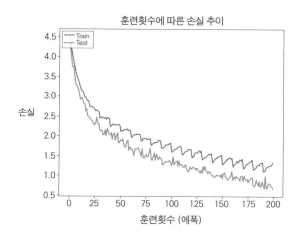

그럼 어떤 방법으로 가중치를 조정할까요? 이제부터 가중치 조정방법인 오차역전파법을 설명해보겠습니다.

가중치를 찾는 방법, 오차역전파법

오차역전파법(BackPropagation)◆은 출력층의 오차가 작아지도록 모델의 가중치를 찾는 방법입니다. 이를 위해 출력층에서 입력층으로 데이터가 반대로 흘러가기 때문에 '역전파'라는 말을 사용합니다.

◆ 가중치를 조정하기 위해 오차역전파법에서는 편미분을 사용합니다. 이 책에서는 수학을 최소화하기 위해 그림으로 오차역전파법을 설명합니다.

오차를 계산하기 위해 아래 그림과 같이 입력층에서 출력층으로 데이터를 흘려보냅니다. 이렇게 데이터가 흘러가는 것을 '순전파'라고 부릅니다. 가중치를 정하는 것이 매우 중요한 일이지만, 맨 처음에는 가중치를 무작위로 정합니다. 나중에 역전파를 통해 적절한 가중치가 정해질테니 어떤 값을 정해도 상관없습니다.

아래 그림에서 모델의 실제 출력은 0.56인데, 기대출력은 1이군요. 처음에는 이렇게 오차가 큰 편입니다.

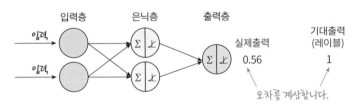

입력과 가중치의 곱 → 합계 → 활성화 함수

순전파를 통한 오차 계산

이제 오차가 최소가 되도록 가중치를 조정해야 합니다. 오차가 크다면 가중치를 크게 바꾸고, 오차가 적다면 가중치를 미세하게 바꾸는 것이 좋습니다. 출력층에서 입력층으로 오차가 역으로 전파되면서 가중치를 변경하는데요. 이를 '역전파'라고 부릅니다(아래 그림).

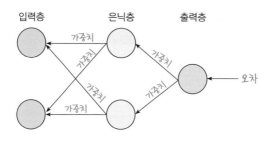

오차역전파를 통한 가중치 조정

가중치가 조정되면 다시 순전파를 통해 오차를 계산하고, 역전파를 통해 오차가 작아지도록 가중치 조정하는 과정을 반복합니다. 얼마나 반복하냐고요? 그것은 학습 횟수를 몇 번으로 정하느냐에 달려 있습니다. 학습을 적당히 해야 적절한 가중치를 찾을 수 있습니다. 너무 많이 훈련을 하면 훈련 데이터에 너무 꼭 맞는 과대적합 문제가 발생할 수 있고 학습을 적게 하면 과소적합 문제가 발생할 수 있으니 적절한 학습 횟수를 찾는 것이 중요하겠지요.◆

◆ 과대적합은 129쪽에서 설명하고 있습니다.

경사하강법

◆ 손실은 1개의 훈련 데이터에 대한 오차를 말하고, 비용은 모든 훈련 데이터의 출력 오차가 합산된 결과를 말합니다. 하지만, 손실(loss)과 비용(cost)이라는 용어를 혼용하는 편입니다.

경사하강법(gradient descent)◆은 비용이 최소가 되도록 비용 함수의 경사를 하강해가면서 가중치를 조정하는 방법을 말합니다.

여기서 비용(cost)이란 기대출력과 실제출력의 차이로, 우리는 이 차이가 적어지도록 가중치를 조정해 비용을 줄여야 합니다.

비용 함수가 평균제곱오차(MSE)라고 가정해보겠습니다. y_i는 레이블 값이고 pi는 모델의 출력값인데요. 앞에서 살펴본 바와 같이 모델의 출력 pi는 가중치에 입력을 곱하여 나온 값입니다. 여기서 비용 함수와 가중치의 관계가 있다는 사실을 알 수 있습니다.

비용 함수는 가중치와 관련이 있습니다.

$$MSE = \frac{1}{n}\sum_{i=1}^{n}(y_i - pi)^2$$

모델의 출력은 가중치와 입력이 곱해진 결과입니다.

비용 함수(MSE)와 가중치의 관계를 표현하면 다음 그림과 같이 U자 모양의 그래프가 그려집니다. 검정색 동그라미가 바로 가중치가 위치한 곳인데요. 처음에는 가중치를 무작위로 결정하기 때문에 시작되는 위치는 그때 그때마다 다릅니다. 어느 위치에서 시작하던 우리의 목표는 경사하 강법을 통해 비용이 최소가 되는 가중치를 찾아내는 겁니다.

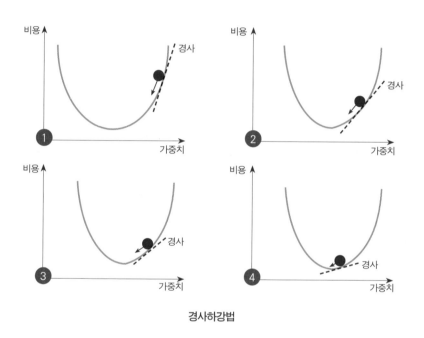

경사하강법

여기서 '경사(gradient)'란 비용 함수를 가중치의 관점으로 편미분해서 구한 값입니다. 즉, 검정색 점이 위치한 지점의 기울기이지요. 1번 그림에서 4번으로 갈수록 경사의 위치가 점점 아래로 내려가는 모습을 보니 '경사하강법'이라고 부른 이유를 알겠습니다. 경사가 0인 지점에 도착하면 학습을 멈추게 됩니다. 경사가 0이라는 의미는 비용이 최소가 되는 가중치를 찾았다는 의미이지요.

최솟값을 찾아가는 것은 지루하고 오랜 시간이 걸리는 작업입니다. 데이터가 많다면 더더욱 그렇습니다. 이를 경험한 사람들은 오랜 기다림에 지쳐 경사하강 속도를 조절하기로 마음을 먹었습니다. 경사가 심한 곳이라면 보폭을 크게 하고, 경사가 평평한 곳이라면 보폭을 좁게 하는 식이지요. 이 보폭을 '학습률(learning rate)'이라고 부른답니다.

가중치 갱신을 수학적으로 표현하면 다음과 같습니다. W는 가중치, L은 손실 함수, $\frac{\partial L}{\partial W}$ 는 W에 대한 손실 함수의 기울기입니다. 그리고, η는 학습률으로 앞에서 설명한 보폭을 의미합니다.

$$W \leftarrow W - \eta \frac{\partial L}{\partial W}$$

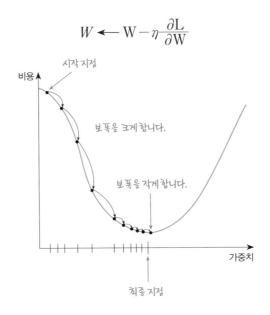

만약 비용 함수의 그래프가 119쪽 그림과 같이 그려졌다고 생각해볼까요? 가중치의 위치가 A로 정해졌다면, 이 가중치는 B방향으로 내려갈 겁니다. 불행하게도 비용이 최소가 되는 C위치를 찾지 못하고 B위치가 최솟값이라고 생각할 수도 있습니다. 이것이 경사하강법의 한계로 지적되고 있습니다.

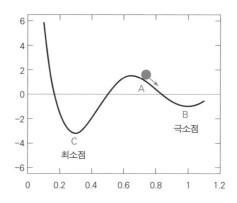

"그래프를 그려놓고 가장 낮은 지점을 찾으면 안 되는 건가요?"라고 질문하는 분들도 있을 것 같습니다. 문제가 그렇게 간단하게 해결되면 좋겠지만, 우리가 풀고자 하는 문제는 간단하지 않습니다. 은닉층이 여러 개인 신경망의 비용 함수를 그려보면 알 수 있지요. 실제 3차원의 비용 함수를 그려보면 아래 그림처럼 복잡해 보이는데요. 은닉층이 매우 많은 경우, 컴퓨터로 표현하기 어려울 수도 있습니다. 상황이 이렇다 보니 가장 낮은 지점을 찾는 것은 참 어려운 일이죠.

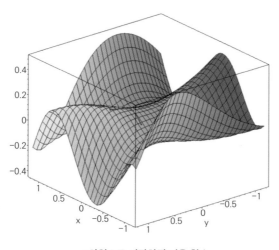

3차원으로 시각화된 비용 함수

4장. 뉴런으로 이루어진 인공신경망

경사하강법을 통해 비용 함수의 최솟값을 찾아가는 과정은 보통 이렇게 비유합니다. 앞을 못 보는 사람이 헬리콥터에서 산 언저리에 떨어져 가장 낮은 골짜기를 찾아갑니다. 게다가 이 사람은 자기가 어디에 떨어졌는지도 모른 채 지면의 경사를 의지해 가장 낮은 곳을 찾아가야 하는데요. 더듬거리며 경사진 방향으로 뭔가 낮은 위치를 찾지만, 정말 최솟값이 되는 골짜기는 아닐 수도 있습니다. 근처의 웅덩이에 도착해 이곳을 가장 낮은 골짜기라고 믿을 수도 있지요.

최적의 가중치를 찾는 과정은 이렇게나 어려운 과정입니다. 가장 낮은 골짜기를 찾았는지 확신하기 어렵기 때문에 가중치값을 무작위로 바꿔가며 훈련을 여러 번 시도하는 이유이지요.

경사하강법에도 여러 가지 방법이 있는데요. 이제 각각을 설명할 시간이 된 것 같습니다.

배치 경사하강법(Batch Gradient Descent) : '배치 경사하강법'은 전체 데이터를 가지고 가중치를 계산하는 방법입니다. 전체 데이터를 가지고 가중치를 계산하다보니 121쪽 그림과 같이 수렴하는 과정이 안정적입니다. 모델을 학습시키려면 전체 데이터를 메모리에 올려야 하지만, 훈련 데이터가 워낙 크다보니 전체 데이터를 올려 처리하는 방법은 현실적으로 불가능한 일이죠.

확률적 경사하강법(Stochastic Gradient Descent) : 데이터를 한 건씩 학습할 때마다 가중치를 계산하는 방법입니다. 데이터마다 비용이 달라지게 때문에 가중치가 출렁거리듯이 변합니다. 잡곡밥을 할 때 곡물을 골고루 섞어주듯이 이 방법은 데이터 세트를 무작위로 섞어주고 시작합니다. 이것이 나름 비용 함수가 최저가 되는 곳을 찾는 데 도움을 주기 때문입니다.

미니배치 경사하강법(Mini-Batch Gradient Descent) : 확률적 경사하강법과 유사한 방법이지만, 데이터의 개수 면에서 다릅니다. 이 방법은 데이터 세트에서 일정 개수씩 데이터를 묶어서 가중치를 계산합니다. 확실히 확률적 경사하강법보다는 미니배치 경사하강법의 가중치 수렴과정이 안정적입니다. 속도도 빠르고 안정적으로 가중치가 변하기 때문에 많이 사용하는 방법이랍니다.

배치 경사하강법   확률적 경사하강법(SGD)   미니배치 경사하강법

개념과 코딩 연결하기

아래 코드에서 SGD 메소드를 사용한 것을 볼 수 있는데요. 이것이 바로 '확률적 경사하강법(SGD)'을 사용한 예입니다.

```
opt = tf.keras.optimizers.SGD(learning_rate=0.1, momentum=0.9)
```

옵티마이저

경사하강법은 비용이 최소가 되도록 가중치를 갱신하는 알고리즘이라고 설명했는데요. 확률적 경사하강법(SGD)을 통해 가중치를 갱신하는 과정을 그림으로 나타내면 아래 그림 1번과 같습니다. 그림을 보니 가중치 갱신 과정이 지그재그로 왔다갔다 하며 목표지점인 가운데로 수렴하는 것을 알 수 있습니다.

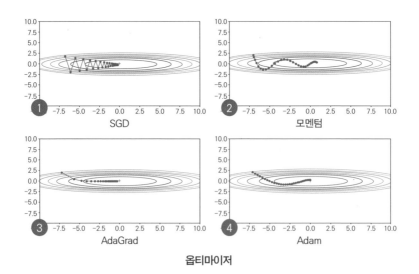

옵티마이저

효율적인 학습을 위해 학습률을 잘 조정해야 합니다. 이 값이 작으면 학습시간이 너무 오래 걸리고, 너무 크면 가중치가 수렴하지 못해 학습이 제대로 되지 않을 수 있거든요.

그래서 사람들은 더 빠르게 낮은 지점을 찾기 위한 최적의 방법을 고민합니다. 이를테면, 경사가 가파르면 성큼성큼 걷다가 평지에 가까워 오면 더듬더듬 걷는 방식 말이죠. 이런 배경에서 경사하강법을 최적화하기 위한 옵티마이저들이 연구되었는데요. 이제 옵티마이저에 대해 함께 살펴보겠습니다.

모멘텀

확률적 경사하강법(SGD)에 '모멘텀'이라는 개념이 도입되었습니다. 운동량을 반영하여 경사가 가파르면 힘을 받아 가속도가 올라가는 물리법칙을 반영한 것인데요. 즉, 경사가 가파르면 공이 빠르게 움직이고, 평평하면 천천히 움직이듯이 가중치도 운동량을 반영해서 갱신됩니다. 모멘텀을 사용하니 그림 2번처럼 부드럽게 가중치가 갱신되는 것을 알 수 있습니다.

AdaGrad

AdaGrad는 Adaptive Gradient Algorithm의 줄임말로, 이 옵티마이저의 특징은 Adaptive라는 단어에서 힌트를 얻을 수 있습니다. 이 방법은 학습률을 학습 상태에 따라 변경하며 가중치를 갱신하기 때문에 처음에는 학습률을 크게 정해 보폭을 성큼성큼 걷게 하고, 나중에는 학습률을 점점 감소시켜 보폭을 작게 만듭니다. AdaGrad를 사용하면 그림 3번과 같이 처음에는 학습률이 크기 때문에 점 사이의 간격이 크지만, 중심으로 갈수록 간격이 좁아집니다.

Adam

Adam은 Adaptive Moment Estimation의 줄임말로, 모멘텀과 AdaGrad 를 융합한 방법입니다. 학습률을 적응적으로 변경하고 모멘텀을 사용해 가 중치를 갱신하기 때문에 더 빠르고 부드럽게 수렴하게 됩니다. 2가지의 장 점 때문에 그림 4번에서 점 사이의 간격이 점점 작아지고 부드럽게 중심으 로 수렴하는 것을 알 수 있답니다.

개념과 코딩 연결하기

텐서플로우에서는 옵티마이저를 다음과 같이 매개변수로 지정할 수 있습니다. 아래 코드 에서 optimizer가 adam으로 사용된 것을 알 수 있습니다.

```
model.compile(optimizer='adam',
        loss='sparse_categorical_crossentropy',
        metrics=['accuracy'])
```

모델 평가

학생들이 얼마나 수업을 잘 이해했는지 확인하기 위해 기말시험을 치르듯이, 훈련을 마친 모델의 성능을 알기 위해서도 평가(evaluation)의 과정을 거칩니다. 평가는 모델이 제 기능을 잘 할 수 있는지 판단하기 위한 목적으로 수행됩니다. 여기서의 기능은 이미지 인식 기능일 수도 있고, 음성 인식 기능일 수도 있습니다.

기말고사의 문제를 출제할 때 교과서에 있는 문제를 그대로 내지 않습니다. 교과서에 있는 문제와 동일하게 시험문제를 낸다면 많은 학생이 만점을 맞을 테니까요. 이러한 맥락에서 모델의 성능을 평가하기 위해 훈련 데이터를 테스트 데이터로 사용하지 않습니다. 제대로 된 모델 평가를 위해 테스트 데이터와 훈련 데이터를 구분해야 하는 이유이지요.

기말고사 시간 선생님이 시험문제지를 학생들에게 나눠주듯이, 테스트 데이터를 모델에 입력으로 넣어줍니다. 문제지를 채점한 결과로 학생들의 실력을 평가하듯 모델의 출력을 확인해 성능을 평가하지요.

다음은 텐서플로우에서의 모델을 평가하는 메소드를 보여주고 있습니다. 모델을 평가하기 때문에 'evaluate'라는 메소드 이름을 사용하고, 입력

4장. 뉴런으로 이루어진 인공신경망

으로는 테스트 데이터인 test_images를 사용하고 있습니다. test_labels은
모델의 기대출력인 레이블이지요.

레스트 데이터로 모델을 평가하는 메소드

'성능이 좋다'라는 말은 무슨 의미일까요? '성능'이란 모델이 지닌 성질
이나 기능을 말하는데요. 모델의 성능이 좋다는 것은 알고리즘이 지닌 성
질이 좋다는 의미이지요. 예를 들어, 모델이 고양이 사진을 보고 오류 없이
고양이라고 잘 인식한다면 성능이 좋다고 말합니다.

성능이 좋다라는 의미는 '정확도가 높다'라는 말로 바꿀 수 있습니다.
'정확하다'는 말은 우리가 기대한 바에 따라 소프트웨어가 동작할 때 사용
하는 말입니다.

'정확도'는 정확한 정도를 말합니다. 예를 들어, 100개의 고양이 이미
지를 모델에 입력으로 넣어준 결과, 90개 이미지에 대해서만 '고양이'라고
출력하고, 나머지는 '강아지'라고 출력했다면 정확도는 90%가 되는 것이
지요. 정확도는 이렇게 정확한 정도가 수치로 나온 결과입니다.

그럼 왜 모델의 성능을 평가해야 할까요? 훈련시킨 모델을 그냥 사용
하면 안 되는 걸까요? 그 이유는 모델이 정말 사용할 만한 가치가 있는지

를 알기 위함입니다. 모델의 정확도가 높지 않다면 정확도를 높이기 위해 개선점을 찾아야 하고, 정확도가 매우 떨어진다면 사용할 만한 가치가 없다고 판단할 수 있습니다.

모델을 최종적으로 평가할 때만 모델의 성능을 측정하지는 않습니다. 모델을 훈련하는 과정에서도 성능을 평가하는데요. 수능 시험을 보기 전에 모의고사를 보며 자신의 실력을 판단하는 것처럼 말이지요.

다음은 훈련기간 동안 모델의 성능을 중간중간 확인한 결과를 보여주는 그래프입니다. 점선은 훈련 데이터에 대한 정확도이고, 실선은 검증 데이터에 대한 정확도인데요. 검증 데이터는 일종의 모의고사 문제에 해당합니다. 학습을 시작한 초기에는 당연히 정확도가 낮습니다. 정확도가 낮아 0.58 정도밖에 되지 않지만 상관없습니다. 학습을 많이 할수록 정확도가 높아질 것이기 때문이죠. 학습 횟수가 40번째가 되니 정확도가 0.98까지 올라갔습니다.◆ 하지

◆ 정확도가 1에 가까이 갈수록 정확도가 높습니다.

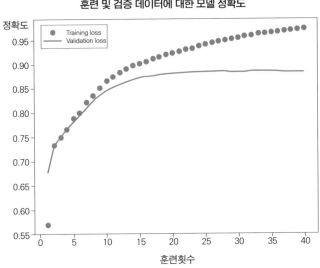

훈련 및 검증 데이터에 대한 모델 정확도

만, 검증 데이터로 모델의 정확도를 확인한 결과 0.85밖에 되지 않습니다. 결과가 이렇게 나왔다면 모델의 성능이 좋다고 말할 수 있을까요? 이 질문에 대한 답변은 다음 페이지에서 이어집니다.

과대적합

학생들이 학교에서 공부를 한 후 세상에 나가게 됩니다. 학교에서 배운 이론들을 세상에 나가 현실과 부딪히며 몸으로 경험하는데요. 이처럼 모델의 훈련이 완료되면 세상에 내보내 자기의 역할과 소명을 다해야 합니다. 예를 들어, 글자를 인식하도록 학습된 모델이라면, 훈련된 글자 이미지뿐만 아니라 새로운 스타일의 글자도 인식할 수 있어야 겠지요.

훈련된 모델이 제 성능을 발휘하기 위해서는 학습이 무척 중요합니다. 만약 훈련 데이터에 너무 꼭 맞게 모델을 학습시킨다면, 마치 교과서에 매몰되어 세상에 나가 제대로 된 능력을 발휘하지 못하는 것과 같습니다.

학생들은 앞으로 맞이할 세상의 일부를 학교에서 경험합니다. 학교에서의 학습은 새로운 세상을 경험하기 위한 준비과정이긴 하지만, 세상에서 필요한 모든 지식을 학교에서 배울 수 없습니다. 그렇기 때문에 학교에서 배운 것을 세상의 전부라고 오해하면 안 되겠지요.

모델의 경우도 마찬가지입니다. 세상의 모든 데이터를 가지고 학습을 시키면 좋겠지만, 현실적으로 불가능한 일입니다. 고양이를 학습시키기 위해 전 세계의 고양이 사진을 보여줄 수는 없는 일이니까요. 인공지능에게 주어지는 훈련 데이터가 많다는 생각도 들지만, 인공지능 기술을 이용하기 위한 최선의 방법이기에 모두들 이 방법을 따르고 있습니다.

훈련 데이터는 전 세계에 공개된 데이터의 일부이기 때문에 훈련 데이터에 너무나 꼭 맞게 모델을 훈련시키는 것은 바람직하지 않은 일입니다. 왜냐하면 실전에 나가서 제대로 된 실력을 발휘하지 못할 수 있기 때문입니다. '너무 꼭 맞다'라는 의미의 '과대적합'◆은 이런 맥락에서 사용됩니다. 훈련 데이터에 꼭 맞게 모델을 학습시켰을 때 사용하지요.

◆ 과대적합을 영어로는 오버피팅(overfitting)이라고 부릅니다.

훈련 데이터로 모델을 학습시켜보겠습니다. '인공지능아! (x, y)가 (10, 10)이면 주황색 점으로 생각해야 해'라고 모델에게 알려줍니다. 이런 과정을 통해 모델을 훈련시키면 아래 그림과 같이 주황색 점과 파란색 점이 찍힙니다.

그림에서 두 그룹을 나누기 위해 검정색과 녹색 선이 그어졌습니다. 이 선은 주황색과 파란색을 구분할 수 있는 기준처럼 보이는데요. 훈련 데이터에 너무 꼭 맞는 녹색 선과 적당히 맞는 검정색 선이 보이는군요. 이 녹색선은 훈련 데이터에 너무 꼭 맞는 과대적합 모델이라는 사실을 알려줍니다. 모델을 일반화하려면 검정색 선과 같이 그려져야 하는데 말이지요. 검정색 선은 C자 모양을 중심으로 주황색 점과 파란색 점이 적절히 나누어지는 것을 알 수 있습니다. 물론, 일부 데이터는 잘못 분류할 수도 있겠지만 이렇게 모델을 일반화하는 것이 더

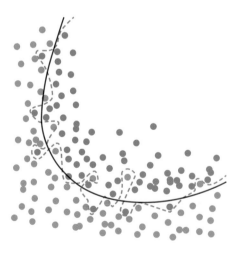

파란색 점과 주황색 점을 분류하는 모델

중요합니다.

전문가들은 녹색 선과 같은 과대적합을 권장하지 않습니다. 앞서 설명한 것처럼 훈련 데이터에 과적합된 모델은 실전에 나가서 제 성능을 발휘하기 어렵거든요. 학교에서 배운 내용이 세상의 전부라고 생각하는 이런 융통성 없는 모델이 되지 않도록 주의해야 합니다.

모델이 처리해야 할 데이터는 훈련 데이터만 있지 않습니다. 학습하지 못한 새로운 데이터도 처리할 수 있어야 합니다. 이런 이유로 녹색 선과 같은 과대적합보다는 검정색 선과 같이 훈련 데이터에 적당히 맞도록 모델을 훈련시켜야 한답니다.

아래 그림에서 파란색 선은 훈련 데이터의 손실값을 보여주고, 점선은 검증 데이터의 손실값을 보여주고 있습니다. 파란색 선을 보니 훈련 데이터로 훈련을 반복할수록 손실값이 점점 작아지지만 검증 데이터에 대한 손실값은 특정 시점을 기준으로 다시 올라가는군요.

'손실값이 작다는 것은 좋은 의미가 아닌가요?'라고 물으실 수도 있겠

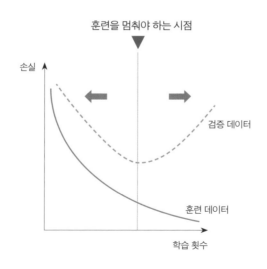

4장. 뉴런으로 이루어진 인공신경망

지만, 반드시 그렇지만은 않습니다. 훈련 데이터에만 손실값이 적다는 것이지 실전에 나가 새로운 데이터에 대해 제 기능을 못할 수 있거든요.

이 사실은 검증 데이터의 손실 그래프를 통해 알 수 있습니다. 훈련을 반복하면 할수록 모델의 오차가 낮아지지만(실선), 검증 데이터의 모델오차는 특정 시점에서 다시 증가하고 있습니다(점선).

우리는 훈련을 반복해 가면서 이 특정 시점을 찾아야 합니다. 이 시점이 바로 모델을 적절히 훈련시키는 지점이기 때문입니다.

하이퍼파라미터

　머신러닝 알고리즘은 입력과 출력을 정해주면 학습을 통해 규칙을 찾아줍니다. 이 규칙을 찾는 과정은 비용이 최소가 되는 가중치를 정하는 과정이라고 설명했었지요. 여기서 가중치를 '파라미터'라고 부릅니다.

　우리가 공부해야 하는 머신러닝은 영화 속에서 봤던 그런 강인공지능은 아닙니다. 게다가 학습을 위해서는 모델에 들어가야 할 은닉층의 개수, 활성화 함수, 배치크기, 옵티마이저 등과 같은 '하이퍼파라미터'를 일일이 정해줘야 하지요.

　최적의 모델을 찾기 위해서는 실험정신을 가지고 하이퍼파라미터를 일일이 바꿔가면서 모델의 성능을 확인해야 합니다. 예를 들어, 은닉층의 개수를 바꿔보기도 하고 활성화 함수를 바꿔보기도 하면서 최적의 모델을 찾는 과정이 필요하답니다.

　하이퍼파라미터를 한 번에 하나씩 바꿔가면서 모델의 성능을 확인해야 하기 때문에 오랜 기다림이 필요한 작업이기도 합니다. 음악 녹음실에서 최적의 소리를 찾기 위해 여러 개의 볼륨 버튼을 미세하게 움직이듯이 모델의 훈련 과정도 하이퍼파라미터를 미세하게 조정해가면서 최적의 결과를 찾는 것입니다.

이런 어려움을 이해한 구글에서는 하이퍼파라미터 조정 결과를 바로 확인할 수 있도록 텐서보드(TensorBoard)[◆]를 제공하고 있습니다. 텐서보드를 이용해 하이퍼파라미터를 조정하고, 그 결과를 확인하는 과정을 반복하면 좋은 모델을 찾는 데 도움을 얻을 수 있답니다.

◆ 텐서보드를 이용한 하이퍼파라미터 튜닝을 12장에서 설명하고 있습니다.

모델을 여러 개 만든 후 하이퍼파라미터를 다양하게 설정할 수 있고 텐서보드에서 다음과 같은 손실과 정확도 그래프를 확인할 수 있습니다.

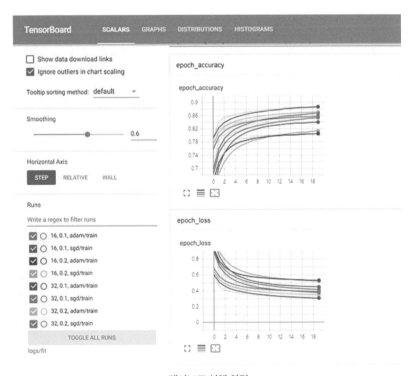

텐서보드 실행 화면

가중치 규제

훈련을 많이 할수록 손실값(오차)이 점점 작아집니다. 이 값이 작아진 다는 것은 레이블과 모델 출력값의 차이가 거의 없다는 의미인데요. 언뜻 보면 모델의 정확성이 높아지는 것처럼 보이지만 여기에 함정이 있습니다. 모델이 훈련 데이터에만 너무 꼭 맞는 과대적합 문제가 발생했기 때문이죠.

모델이 복잡할수록 또는 훈련을 많이 할수록 과대적합 문제가 발생하기 쉽습니다. 이러한 과대적합 문제를 완화하기 위해 '가중치 규제'라는 방법을 사용한답니다.

앞에서 설명한 것처럼 모델을 훈련시킨다는 것은 비용 함수가 최소가 되도록 가중치값을 결정하는 과정입니다. 가중치 규제는 가중치가 무한정 커지지 않도록 가중치에 벌칙을 부과하는 것입니다.

지금까지 단순히 비용이 최소가 되도록 가중치값을 조정했다면, 가중치 규제를 통해 비용과 가중치 벌칙의 합이 최소가 되도록 가중치값을 조정합니다. 이렇게 하면 비용도 최소가 되고 가중치 벌칙도 최소가 되어야 하므로 가중치가 자유롭게 커지는 것을 막을 수 있지요.

4장. 뉴런으로 이루어진 인공신경망

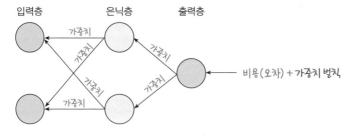

입력층　　　은닉층　　　출력층

비용(오차) + **가중치 벌칙**

비용(오차)과 가중치 벌칙이 최소가 되도록 각 노드의 가중치를 조정합니다.

가중치 규제

가중치 규제에는 L1과 L2 규제가 있습니다. L1 규제는 가중치의 절댓 값을 가중치 벌칙으로 사용하고, L2 규제는 가중치의 제곱을 벌칙으로 사용합니다. 여기서 $L(y_i, p_i)$는 손실 함수, w는 가중치를 의미합니다. λ는 가중치 규제시 튜닝 포인트로 사용할 수 있는 파라미터이지요.

구분	가중치 벌칙	비용 함수
L1 규제	|가중치|	$Cost = \dfrac{1}{n}\sum\limits_{i=1}^{n}\{L(y_i p_i) + \dfrac{\lambda}{2}\|w\|\}$
L2 규제	(가중치)^2	$Cost = \dfrac{1}{n}\sum\limits_{i=1}^{n}\{L(y_i p_i) + \dfrac{\lambda}{2}\|w\|^2\}$

가중치 벌칙

L2 규제를 사용하면 L1 규제를 사용했을 때보다 더 좋은 성능을 얻을 수 있기 때문에 L2 규제를 더 많이 사용하고 있습니다.

개념과 코딩 연결하기

아래 코드에서 kernel_regularizer=keras.regularizers.l2(0.001)가 보입니다. 가중치를 규제하기 위해 L2규제를 사용한 것을 알 수 있는데요. 0.001는 가중치 벌칙에서 바로 λ에 해당하는 값입니다.

```python
model.add(keras.layers.Dense(512,
    kernel_regularizer=keras.regularizers.l2(0.001),
    activation='relu'))
model.add(keras.layers.Dense(512,
    kernel_regularizer=keras.regularizers.l2(0.001),
    activation='relu'))
```

드롭아웃

드롭아웃(dropout)은 신경망에서 널리 사용하는 규제 기법 중 하나로, 은닉층 노드의 일부 출력을 0으로 설정해서 노드를 삭제하는 효과를 가지게 하는 방법입니다. 왼쪽 그림과 같이 신경망에서 일부 노드를 드롭아웃하면 오른쪽 그림과 같이 신경망의 노드가 줄어들게 됩니다.

드롭아웃된 노드는 순전파의 출력이 0이 될 뿐만 아니라 역전파를 수행할 때도 가중치 조정이 일어나지 않습니다. 드롭아웃 비율은 확률이라고 불리는 p값으로 정하는데요. 확률 p를 0.5로 정하면 은닉층의 노드 절반이 삭제됩니다. 보통 확률은 0.2에서 0.5 사이로 정하고 있습니다.

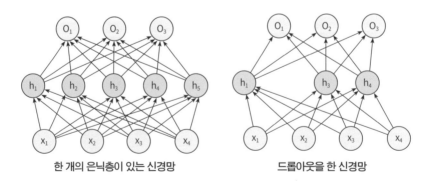

한 개의 은닉층이 있는 신경망   드롭아웃을 한 신경망

학습과정에서 과대적합을 막기 위해 드롭아웃을 하는 것이기 때문에 모델을 평가하는 단계에서는 드롭아웃을 하지 않습니다.

개념과 코딩 연결하기

드롭아웃이 코드로 어떻게 작성되는지 살펴보겠습니다. 다음 코드에서 model. add(keras.layers.Dense(16, activation='relu')) 앞뒤에 keras.layers.Dropout(0.5)를 사용한 것을 볼 수 있습니다. Dropout의 파라미터가 0.5인 것을 보니 확률이 0.5만큼 노드 출력을 0으로 설정한다는 것을 알 수 있습니다.

```
vocab_size = 10000

model = keras.Sequential()
model.add(keras.layers.Embedding(vocab_size, 16, input_shape=(None,)))
model.add(keras.layers.GlobalAveragePooling1D())
model.add(keras.layers.Dropout(0.5))
model.add(keras.layers.Dense(16, activation='relu'))
model.add(keras.layers.Dropout(0.5))
model.add(keras.layers.Dense(1, activation='sigmoid'))
```

학습 조기 종료

모델 훈련을 많이 하면 훈련 데이터에만 모델의 성능이 좋고, 훈련되지 않은 새로운 데이터에서는 성능이 떨어질 수 있습니다. 그래서 훈련을 많이 시킨다는 것이 항상 좋은 것만은 아닙니다. 그렇다면 훈련을 그럼 적당히 시켜야 좋다는 의미인데, 어떻게 적당한 시점인 것을 알 수 있을까요?

훈련의 적정시점을 포착하기 위해 사용하는 데이터가 바로 '검증 데이터'입니다. 다음 그림을 보면 손실값이 작아지도록 훈련 데이터를 이용해 모델을 반복적으로 훈련한 것을 알 수 있습니다. 검증 데이터에 대한 손실값을 보니 특정 시점까지 내려가다가 다시 올라가는데요. 이 특정 지점이 바로 훈련을 멈춰야 하는 적절한 타이밍입니다. 이 지점이 확인되었다면 더 이상 훈련을 진행할 필요가 없기 때문에 계획한 훈련보다 일찍 훈련을 멈춰야 하고, 이것을 '학습 조기 종료(Early stopping point)'라고 부릅니다.

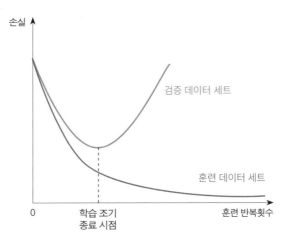

개념과 코딩 연결하기

다음 코드에서 keras.callbacks.EarlyStopping(monitor='val_loss', patience=10)은 손실 함수의 값(val_loss)을 지켜보고 있다가 성능 개선이 없는 훈련이 10번 반복되면 훈련을 멈추게 합니다.

```
early_stop = keras.callbacks.EarlyStopping(monitor='val_loss', pa-
tience=10)

history = model.fit(normed_train_data, train_labels, epochs=EPOCHS,
validation_split = 0.2, verbose=0, callbacks=[early_stop, PrintDot()])
```

5장

———

깊은 신경망,
딥러닝

딥러닝

딥러닝(deep learning)은 머신러닝의 한 분야로 입력층과 출력층 사이
에 여러 개의 은닉층이 있는 깊은(deep) 인공신경
망◆을 말합니다. 은닉층이 여러 개라는 의미로 '딥
(deep)'이라는 수식어가 붙었습니다.

◆ 한 개의 은닉층으로 구성된 인
공신경망을 '얕은 신경망(shal-
low learning)'이라고 부릅니다.

　머신러닝 알고리즘으로 해결하기 어려웠던 이미지 인식 분야, 자연어
처리, 음성처리 등의 영역에서 딥러닝이 두드러진 연구 성과를 보이고 있
는데요. 딥러닝 연구 분야에 대한 높은 관심 덕분인지 딥러닝 분야가 머신
러닝에 속해 있음에도 불구하고, 이 둘을 구별해 부르고 있습니다.

　머신러닝 알고리즘과 딥러닝 알고리즘은 입력 측면에서 큰 차이가 있
습니다. 머신러닝 알고리즘을 이용하기 위해서는 사람이 특징 데이터를
뽑아줘야 하지만, 딥러닝 알고리즘을 이용하면 입력 데이터에서 자동으로
특징을 뽑아줍니다.

　자동차 이미지를 분류하는 경우를 예로 들어보겠습니다. 머신러닝을
위해서는 자동차에 대한 특징(바퀴 개수, 너비, 높이 등)을 뽑아 학습 알고리
즘에 입력으로 넣어줘야 하지만, 딥러닝은 자동차 이미지 자체를 넣어주

5장. 깊은 신경망, 딥러닝

면 됩니다. 그 이유는 딥러닝 알고리즘이 알아서 특징을 뽑아주고 가중치를 업데이트하면서 학습을 진행하기 때문이지요.

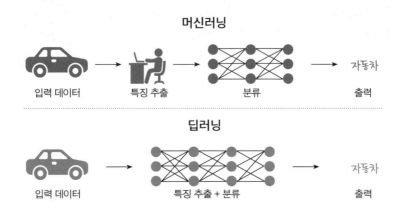

다양한 동물 이미지를 인공신경망에 입력으로 넣으면 은닉층에서는 어떤 일이 일어날까요? 147쪽 그림을 보면 코끼리, 캥거루, 펭귄 이미지는 각각 빼곡한 점들로 이루어진 픽셀 데이터인데요. 첫 번째 은닉층에서는 이 픽셀 데이터를 추상화해 엣지로 변환해줍니다. 그리고 두 번째 은닉층에서는 이 선들을 조합해 모양을 만듭니다. 세번째 은닉층에서는 코끼리의 코와 눈이 보이기 시작하는군요. 마지막 은닉층이 되니 어렴풋하게 코끼리의 형상이 보입니다.

이렇게 딥러닝은 입력 데이터를 추상적이고 복합적인 표현으로 바꿔줄 수 있습니다. 또한, 자동으로 뽑힌 특징 데이터가 어디에 위치해야 하는지를 스스로 학습할 수 있지요.

딥러닝은 컴퓨터 비전, 음성 인식, 자연어 처리 등의 다양한 분야에서 적용되고 있는데요. 대표적인 딥러닝 알고리즘으로는 합성곱 신경망(CNN)과 순환신경망(RNN)이 있습니다.

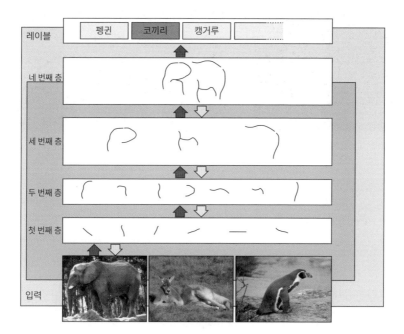

은닉층별 출력 결과

합성곱 신경망

다층 퍼셉트론은 각 층의 뉴런이 다음 층의 모든 뉴런에 빠짐없이 '완전 연결(fully connected)'됩니다. 다음과 같이 28×28 픽셀의 이미지를 쫙 일렬로 펼치면 784개의 픽셀이 되는데요. 이것을 입력으로 받아 은닉층에 연결합니다.

만약 이미지가 (100×100×3)의 해상도를 가진다면 입력층의 픽셀은 30,000개가 되어야 합니다. 이것을 완전 연결하면 신경망이 매우 복잡해

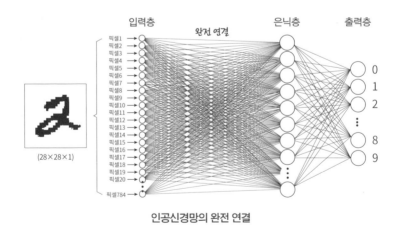

인공신경망의 완전 연결

지게 되겠지요. 신경망이 복잡하면 과대적합의 문제가 발생하기 쉽기 때문에 복잡함을 줄이는 방법이 필요합니다.

합성곱 신경망(CNN, Convolutional Neural Network)은 이런 복잡함을 줄인 신경망입니다. 합성곱 신경망은 이미지 분석에 가장 많이 적용되는 딥러닝 알고리즘으로 완전 연결의 인공신경망보다 높은 정확도를 보이는 신경망입니다.

다음은 합성곱 신경망을 보여주고 있습니다. 지금까지의 인공신경망과 사뭇 다른 모습이지요? 앞에서 살펴본 인공신경망과 달리 합성곱 신경망에는 합성곱층(convolutional layer)과 풀링층(pooling layer)이 있습니다.

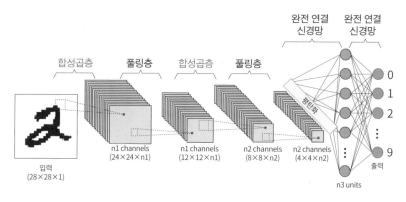

합성곱 신경망

인공신경망은 이미지의 모든 픽셀 값을 일렬로 쫙 펼쳐 입력으로 사용하지만, 합성곱 신경망은 이미지에 필터를 적용해 '특징 맵'을 뽑아내고, 이것을 입력으로 사용합니다.

합성곱 신경망에서는 이 필터가 매우 중요합니다. 이 필터의 값이 바로 가중치에 해당되는 값이기 때문에 학습을 통해 이 값을 적절히 결정해야 합니다. 이제 합성곱층과 풀링층이 어떤 역할을 하는지 알아보겠습니다.

합성곱층

합성곱층에서는 다음과 같이 입력 데이터와 필터에 대해 합성곱 연산 (convolution)을 수행합니다.

합성곱 연산

필터와 특징 맵의 모습은 바로 다음 그림과 같습니다. 왼쪽은 숫자 4에 적용된 32개 필터를 보여주고 있고, 오른쪽은 합성곱 연산의 결과로 얻어진 특징 맵을 보여주고 있습니다.

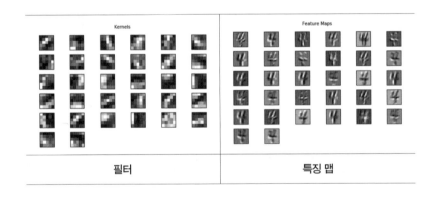

합성곱 연산을 거치면 입력 데이터의 크기가 줄어들기 때문에 다음과 같이 패딩(padding) 과정을 추가하기도 합니다. 정장 어깨에 패딩이 들어가는 것처럼 '패딩'은 입력 데이터 주변에 0을 채우는 것입니다. 그림과 같이 입력 데이터에 패딩을 한 후 합성곱 연산을 하면 입력 데이터의 크기와 출력 데이터의 크기가 같아집니다.

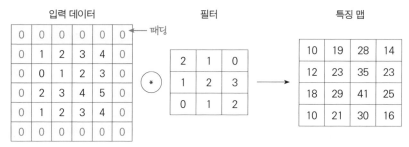

패딩

풀링층

풀링이란 신경망의 용량을 줄이기 위해 데이터의 크기를 줄이는 연산을 말하는데요. 다음과 같이 입력 데이터에서 색이 칠해진 파란색 영역에서 가장 큰 값을 뽑아줍니다. 색이 칠해진 영역을 이동시켜 다시 큰 값을 뽑는데요. 이렇게 최댓값을 뽑아 크기를 줄이는 과정을 최대 풀링(max pooling)◆이라고 부릅니다.

◆ 만약 파란색 영역에서 평균값을 정한다면 평균 풀링(average pooling)이라고 부른답니다.

정리하자면, 합성곱층에서 데이터의 특징을 뽑아주고, 풀링층에서 데이터의 크기를 줄여줍니다. 이렇게 데이터의 특징을 뽑는 작업이 완료되면 3차원의 데이터를 일렬로 펼치는 평탄화 작업을

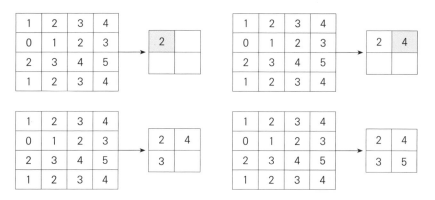

최대 풀링

해줍니다. 149쪽의 그림에서 '평탄화'라는 노란색 부분이 바로 이 작업을 말합니다.

이제 은닉층으로 데이터가 들어갈 차례이군요. 신경망의 완전 연결된 출력층에는 입력값과 가중치가 곱해지고, 활성화 함수를 통해 입력된 이미지가 어떤 숫자인지를 출력값으로 알려줍니다.

3차원 입력 데이터(28×28×1)를 1차원으로 쫙 펼쳐 평탄화해주면 이미지의 모양, 색깔 등의 형상 정보가 유지되기 어렵다는 단점이 있습니다. 이런 이유로 합성곱 신경망은 3차원 데이터에서 특징을 뽑는 합성곱 연산 과정을 거칩니다. 이렇게 하면 평탄화하더라도 형상 정보가 유지될 수 있는 장점이 있기 때문에 더 높은 성능을 얻을 수 있습니다.

개념과 코딩 연결하기

아래는 합성곱층을 만들기 위한 메소드입니다. 합성곱 신경망층을 ConvNet이라고 부르는데요. 그런 의미에서 메소드의 이름이 Conv2D라고 지어진 것을 짐작할 수 있습니다. 입력 데이터가 2차원이라 메소드 이름에 2D가 붙었습니다.

```
model = Sequential([
  Conv2D(16, 3, padding='same', activation='relu',
      input_shape=(IMG_HEIGHT, IMG_WIDTH ,3)),
  MaxPooling2D(),
  Conv2D(32, 3, padding='same', activation='relu'),
  MaxPooling2D(),
  Conv2D(64, 3, padding='same', activation='relu'),
  MaxPooling2D(),
  Flatten(),
  Dense(512, activation='relu'),
  Dense(1)
])
```

Conv2D(32, 3, padding='same', activation='relu')에서 숫자 32와 3의 의미는 필터를 32개로 정하고, 각 필터의 크기를 3으로 정하라는 것입니다. padding을 'same'으로 지정하면 입력 데이터와 출력 데이터의 크기가 같아지도록 패딩을 넣겠다는 뜻이지요. MaxPooling2D는 앞에서 설명한 최대 풀링을 하기 위한 메소드입니다.

 여기서 잠깐!

합성곱은 다음 그림처럼 입력 데이터와 필터를 합성곱 연산을 하여 특징 맵을 얻는 방법인데요. 파란색 영역과 필터의 각 항목을 곱하고 이들을 모두 더하면 합성곱 연산이 됩니다.

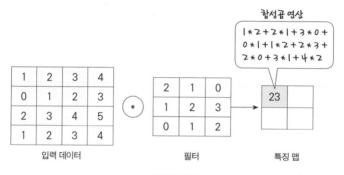

합성곱 연산

입력 데이터의 모든 영역에 대한 합성곱 연산을 위해서는 파란색 영역을 한 칸씩 이동시켜가며 계산해야 합니다.

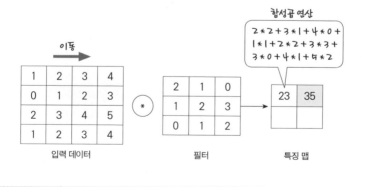

5장. 깊은 신경망, 딥러닝

순환신경망

지금까지 배운 인공신경망을 이용해 영어 문장을 한글로 번역하는 모델을 만든다고 생각해보겠습니다. 이 모델의 입력은 영어 문장이고 출력값은 번역된 문장이 나와야 합니다. 물론, 모델을 학습하기 위해 잘 번역된 문장이 미리 레이블로 정의되어 있어서, 오류역전파 알고리즘을 통해 비용 함수가 최소가 되도록 가중치를 결정해야 겠지요.

그런데, 우리가 해결해야 할 번역 문제는 지금까지 살펴본 이미지 분류 문제와 다른 점이 있습니다. 첫 번째는 모델에 들어가는 입력값의 길이가 가변적이라는 것이죠. 이미지 픽셀은 고정할 수 있기 때문에 입력층의 노드 개수를 고정할 수 있었지만, 이 경우는 입력 데이터의 길이가 매번 달라지기 때문에 노드 개수를 고정하기 어렵습니다.

두 번째는 입력 데이터를 구성하는 단어의 관계가 중요하다는 점인데요. 문장은 의미를 전달하는 중요한 정보이기 때문에 문장을 구성하는 단어들의 관계를 활용할 수 있는 학습 알고리즘이 필요하다는 것을 알 수 있습니다.

이렇게 순차적이고 서로 관계가 있는 입력을 처리하기 위해 제안된 방법이 바로 '순환신경망(RNN, Recurrent Neural Network)'입니다. 순환신경망은 순차적인 데이터* 처리에 좋은 성능을 내고 있기 때문에 음성 인식, 번역, 주가 예측 등에 활용되고 있습니다.

◆ 순차적인 데이터를 '시퀀스 데이터' 또는 '시계열 데이터'라고 부릅니다.

　　이름에서 알 수 있듯이 순환신경망은 정보가 순환하는 신경망입니다. 아래 그림을 보면 바닐라 신경망(왼쪽)과 달리 순환신경망(오른쪽)에는 정보가 순환하는 화살표가 추가되어 있습니다. 한쪽 방향으로만 흐르는 바닐라 신경망과 비교하면 순환신경망은 과거의 정보를 활용할 수 있다는 장점이 있습니다.

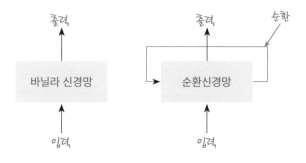

　　순환신경망이 동작하는 과정을 표현하면 156쪽 그림과 같이 여러 개의 동일한 신경망이 연결된 모습입니다. 이렇게 연결된 신경망으로 시퀀스 형태의 데이터를 입력받을 수 있게 되고, 현재의 신경망의 정보는 다음 신경망으로 전달되어 단어들의 관계정보를 활용할 수 있지요. 예를 들어, 'I can speak in English'와 같은 영어 문장을 단어 순서대로 모델의 입력으로 넣어주면 주변 단어에 대한 관계 정보를 활용할 수 있습니다.

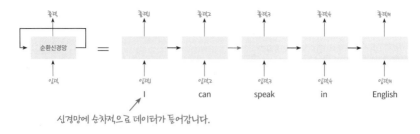

신경망에 순차적으로 데이터가 들어갑니다.

순환신경망의 동작방식

그런데, 순환신경망에서 한 가지 걱정이 생겼습니다. 문장이 길어지면 데이터가 순환되는 과정이 길어지기 때문에 오차역전파법에서 기울기 값이 계속 작아져 가중치가 0에 가깝게 되는 '기울기 소실(vanishing gradient)' 문제가 발생합니다. 기울기가 0이 되면 학습이 중간에 멈추기 때문에 꼭 해결해야 할 문제이지요.

비용이 최소가 되도록 역전파를 통해 가중치를 갱신합니다.
이 과정에서 순환신경망 앞부분으로 갈수록 가중치가 0에 가까워지는 문제가 발생합니다.

순환신경망의 가중치 소실

157쪽 그림과 같이 순환신경망은 이전 신경망의 정보를 현재의 신경망으로 전달하도록 설계되어 있어 짧은 기간 동안의 정보를 기억할 수 있습니다. 하지만, 멀리 떨어진 신경망의 정보는 활용할 수는 없지요.

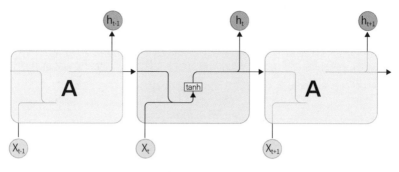

순환신경망의 단기 메모리

오랜 기간 정보를 기억하기 위해 순환신경망에서는 장단기 메모리 (LSTM, Long Short-Term Memory)♦를 사용하고 있습니다. LSTM의 모습은 다음 그림과 같습니다. 직전의 정보를 활용할 뿐만 아니라 멀리 떨어진 정보

♦ 기울기 소실 문제를 완화하기 위한 방법으로는 LSTM, GRU 가 있습니다.

도 기억하기 위해 다소 복잡해 보이지만 이런 방법을 택하고 있는 것이죠.

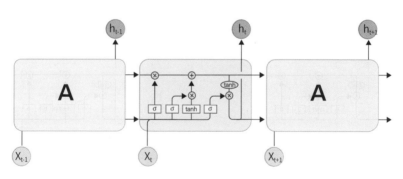

순환신경망의 장단기 메모리

개념과 코딩 연결하기

다음은 순환신경망으로 모델을 만들기 위한 코드입니다. 장단기 메모리를 위해 LSTM 메소드가 사용될 것을 알 수 있습니다.

```python
def build_model(vocab_size, embedding_dim, rnn_units, batch_size):
model = tf.keras.Sequential([
  tf.keras.layers.Embedding(vocab_size, embedding_dim,
          batch_input_shape=[batch_size, None]),
  tf.keras.layers.LSTM(rnn_units,
            return_sequences=True,
            stateful=True,
            recurrent_initializer='glorot_uniform'),
  tf.keras.layers.Dense(vocab_size)
])
return model
```

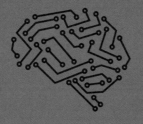

· PART 2 ·

딥러닝을 위한 코딩

파트2는 Creative Commons 4.0 Attribution License에
따라 공개된 구글의 텐서플로우 강의 콘텐츠를
기반으로 작성되었습니다.

ARTIFICIAL INTELLIGENCE

딥러닝을 위한 코딩은 데이터를 로딩하는 것부터 시작합니다. 모델 훈련을 위해 입력 데이터가 사용되는데요. 이 데이터와 레이블을 입력으로 넣어주고 모델을 훈련시키면 비용이 최소가 되는 적절한 가중치가 결정됩니다.

훈련하는 동안에 검증 데이터를 사용해 모델의 성능도 확인합니다. 모델 확인을 통해 과대적합이 나왔는지 판단할 수 있지요. 과대적합이 나왔다면 드롭아웃, 가중치 규제 등을 통해 모델의 저장 용량을 줄여야 합니다.

모델 학습이 완료되었다고요? 그렇다면 모델의 성능을 평가할 때가 된 것 같군요. 모델 성능을 평가하기 위해 테스트 데이터를 사용합니다. 모델에 테스트 데이터를 넣어주고, 모델의 출력값과 레이블값이 동일한지 확인해 모델의 정확도를 측정할 수 있지요. 정확도가 95%가 나왔다고요? 우와, 그 정도면 훌륭한 것 같은데요!

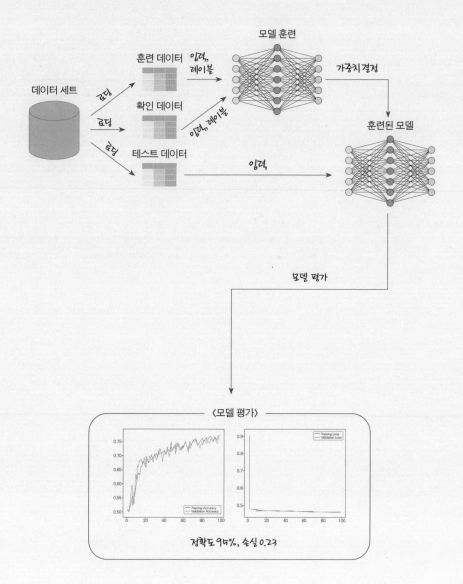

6장

코랩 시작하기

코랩

코딩을 위해서는 통합개발환경(IDE)을 내 컴퓨터에 설치해야 하지만 이것은 다소 복잡하기도 하고 번거로운 과정입니다. 다행인 점은 구글에서 코랩(Colab)이라는 것을 '무료로' 제공하고 있다는 사실입니다. 코랩은 Colaboratory의 앞글자로 웹 브라우저에서 파이썬을 작성하고 실행할 수 있는 개발환경입니다. 이 책에서 작성할 모든 코드를 코랩에서 실행할 수 있으니 참 좋은 일이지요.

웹 브라우저를 실행해 https://colab.research.google.com에 들어가면 166쪽 그림과 같은 코랩이 나타납니다.

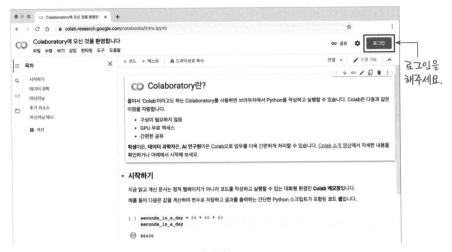

코랩 화면

우선, 코랩과 연동하기 위해 구글 계정으로 로그인을 해주세요. '로그인' 버튼을 클릭하면 다음과 같은 화면이 나타납니다. 구글 계정◆으로 로그인하면 구글 드라이브

◆ 구글 계정이 없다면 '계정 만들기'를 통해 만들어보세요.

에 작업한 코드를 저장할 수 있습니다.

그럼 새 노트를 시작해보겠습니다. 메뉴에서 '파일'을 선택하고 '새 노트'를 마우스로 클릭해주세요.

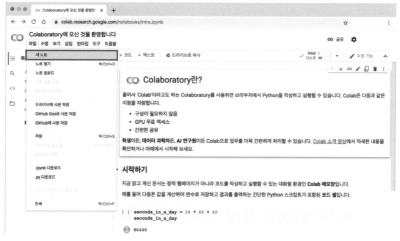

코랩의 내 노트 만들기

그럼 다음과 같은 화면이 나타납니다. 노트의 이름은 HelloWorld.ipynb로 작성했습니다. 노트를 시작하면 코드셀이 하나 추가되어 있습니다. 코드셀은 파이썬 코드를 작성하고 실행할 수 있는 명령창입니다. 코드셀을 추가하고 싶다고요? 그럼 '+코드'를 클릭하면 됩니다.

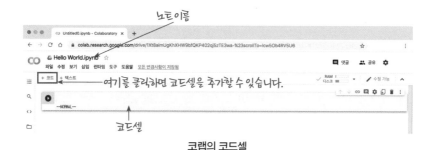

코랩의 코드셀

자, 이제 코드를 한번 작성해보겠습니다. 다음과 같이 코드셀에서

print("안녕하세요")라고 작성하고 실행버튼●을 클릭해주세요.

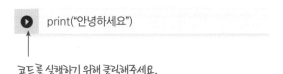

코드를 실행하기 위해 클릭해주세요.

그럼, 다음과 같이 코드가 곧바로 실행되어 실행결과가 코드 아래에 출력됩니다.

코드가 실행된 결과입니다.

런타임 메뉴에서 '모두 실행'을 클릭하면 모든 코드셀이 실행됩니다. 만약 내가 선택한 셀 이후로 코드셀을 실행하고 싶다면 '이후 셀 실행'을 클릭하면 되지요.

파일	수정	보기	삽입	런타임	도구	도움말

모두 실행	⌘/Ctrl+F9
이전 셀 실행	⌘/Ctrl+F8
초점이 맞춰진 셀 실행	⌘/Ctrl+Enter
선택항목 실행	⌘/Ctrl+Shift+Enter
이후 셀 실행	⌘/Ctrl+F10

지금까지 작성한 노트를 저장하거나 불러올 수도 있습니다. '파일' 메

뉴에서 '저장'을 클릭하면 노트를 구글 드라이브에 저장할 수 있고, '노트 열기'를 클릭하면 저장한 노트를 불러올 수 있습니다.

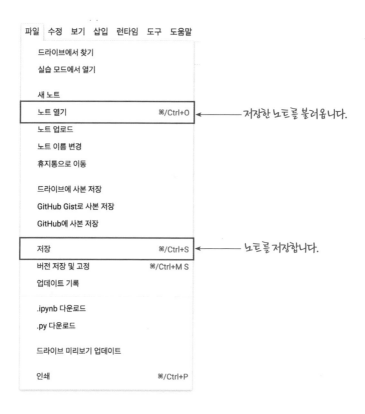

여기까지 실행했다면 코딩을 위한 준비가 어느 정도 완료된 것 같습니다! 그럼, 이제부터 구글에서 제공하는 텐서플로우를 소개하고, 텐서플로우를 활용한 코딩 방법을 함께 살펴보도록 하겠습니다.

7장

딥러닝 코딩
절차 이해하기

딥러닝으로 문제를 해결하기 위해 모델을 만들고 훈련 및 평가의 과정을 거쳐야 합니다. 텐서플로우와 케라스 패키지를 사용하면 딥러닝 코딩을 위한 다양한 메소드를 제공하기 때문에 우리는 이 패키지에서 제공하는 메소드의 활용 방법을 배워야 합니다.

앞으로 다양한 문제를 해결하기 위한 코딩 방법을 소개해드릴 예정인데요. 큰 틀에서 다음 과정이 반복되기 때문에 각각에 대해 함께 살펴보겠습니다.

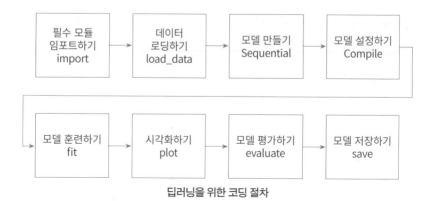

딥러닝을 위한 코딩 절차

필수 모듈 임포트하기

텐서플로우(TensorFlow)는 머신러닝을 위한 오픈소스 플랫폼으로, 구글 브레인 팀에서 소스코드를 공개해 누구나 무료로 사용할 수 있는 오픈소스입니다.

이 플랫폼에는 케라스(Keras)라는 인공신경망 라이브러리가 포함되어 있습니다. 케라스 라이브러리를 활용하면 데이터 수집, 모델 학습, 결과 예측 등의 모든 것을 손쉽게 구현해볼 수 있지요.

우선 텐서플로우를 설치하는 방법부터 함께 살펴보겠습니다. 파이썬을 어느 정도 다루어보신 분이라면 PIP(Package Installer for Python) 명령어를 사용해본 적이 있으실 텐데요. PIP는 소프트웨어를 설치 및 업그레이드 하기 위한 프로그램입니다. PIP가 최신버전으로 설치되어야 텐서플로우가 오류 없이 제대로 설치되기 때문에 다음과 같이 PIP를 업그레이드해 보겠습니다.

```
1    pip install --upgrade pip
```

이제 텐서플로우를 설치해볼까요? 다음과 같이 작성하면 텐서플로우가 코랩에 설치됩니다.

| 2 | pip install tensorflow-cpu |

◆ GPU를 활용하여 텐서플로우를 실행하기 위해서는 pip in-stall tensorflow라고 작성해 텐서플로우를 설치해야 합니다.

텐서플로우 패키지에서 제공하는 모듈을 사용하기 위해서는 임포트(import) 과정을 거쳐야 합니다.

| 3 | import tensorflow as tf |

import는 '가져오다'는 의미로, 현재의 코드에 외부 패키지나 모듈을 포함하기 위한 키워드입니다. 3번 코드에서 as는 별명을 지어줄 때 사용하는 말인데요. as를 통해 별명을 지어놓으면 코드를 간결하게 작성할 수 있고 기억하기도 쉬운 장점이 있습니다.

다음은 케라스를 임포트(import)하는 코드입니다. 케라스는 텐서플로우 패키지에 속해 있기 때문에 '텐서플로우에 속해 있는 케라스를 현재 코드에 포함해줘'라는 의미로 다음과 같이 작성합니다.

| 4 | from tensorflow import keras |

데이터 로딩하기

데이터를 만드는 일은 지루하고 시간이 많이 소요되는 작업입니다. 게다가 데이터를 정제하는 과정도 거쳐야 하기 때문에 많은 노력이 필요하죠. 정제란 모델이 학습하는 데 필요한 데이터만 남기고 필요 없는 데이터나 이상 데이터를 버리는 과정을 말합니다.

이제 막 인공지능에 입문하는 사람들에게 손에 쥐어진 데이터가 없습니다. 하지만, 걱정할 것 없습니다. 텐서플로우에서는 딥러닝 학습자들을 위해 아래와 같이 데이터 세트를 제공하고 있으니까요.

DIFAR10 소형 이미지

IMDB 영화 리뷰

로이터 뉴스 토픽

MNIST 데이터베이스

패션-MNIST 데이터베이스

보스턴 주택 가격 회귀 데이터 세트

이 데이터 세트는 load_data 메소드를 사용하기만 하면 알아서 다운로드 받아 메모리에 올려줍니다.

예를 들어, 케라스에서 제공하는 MNIST 데이터를 로딩하기 위해 다음과 같이 코드를 작성할 수 있습니다. load_data 메소드를 통해 데이터가 반환되면 훈련 데이터와 테스트 데이터로 나누어 저장할 수 있습니다.

```
5   (x_train, y_train), (x_test, y_test)=keras.datasets.mnist.load_data()
```

(x_train, y_train)은 훈련 데이터와 레이블을 저장하는 변수이고, (x_test, y_test)는 테스트 데이터와 레이블을 저장하는 변수입니다.

모델의 과대적합 여부를 확인하기 위해 검증 데이터가 필요한데요. 아래와 같이 훈련 데이터의 일부를 떼내어 검증 데이터로 사용하기도 한답니다. 코드를 실행하면 전체 데이터에서 10,000건은 검증 데이터의 용도로 x_val 변수에 저장하고(6번 코드), 나머지는 훈련 데이터의 용도로 x_train 변수에 저장하지요(9번 코드). 레이블도 동일합니다. 전체 레이블에서 10,000건은 검증 레이블의 용도로 y_val 변수에 저장하고(7번 코드), 나머지는 훈련 레이블의 용도로 y_train에 저장합니다(10번 코드).

```
6    x_val = x_train[-10000:]
7    y_val = y_train[-10000:]
8
9    x_train = x_train[:-10000]
10   y_train = y_train[:-10000]
```

모델 만들기

케라스에는 딥러닝 모델을 만들기 위해 다음과 같이 Sequential 클래스와 layers 모듈을 제공하고 있습니다.

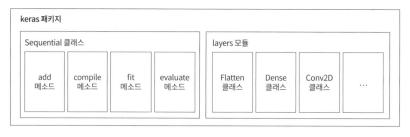

케라스 패키지 구성 모듈

여러 개의 층을 조합하여 모델을 만들 수 있는데요. 모델을 차례대로 조립하기 위해 '순차적인'이라는 의미의 Sequential 클래스를 제공합니다. 이 클래스에는 4개의 메소드가 있습니다. 층(layer)을 추가하는 add 메소드, 옵티마이저, 메트릭 등을 설정해주는 compile 메소드, 모델 훈련을 위한 fit 메소드, 그리고 모델 평가를 위한 evaluate 메소드가 있지요.

layer 모듈은 은닉층을 어떻게 구성할지 설정하는 여러 개의 클래스를 포함하고 있습니다. 2차원 입력 데이터를 쫙 펼쳐서 평탄화해주는 Flatten 클래스, 각 층의 노드를 다음 층의 노드와 완전 연결해주는 Dense 클래스, 합성곱 연산을 해주는 Conv2D 클래스가 있습니다.

코딩에서는 점(.)이 중요한 의미를 가집니다. 패키지 안에 모듈이 있고, 모듈 안에 메소드가 있는데요. 이들의 관계를 점으로 연결해줍니다. keras.layers.Flatten(input_shape=(28,28))에서 점이 사용된 이유가 이것인데요. keras 패키지 안에 layers 모듈이 있고, 그 안에 Flatten 클래스가 있다는 의미이지요.

다음 코드를 보고 설명해보겠습니다. Sequential 클래스를 만들 때 모델에 들어갈 층을 정할 수 있습니다. 12번 코드에서 Flatten 클래스는 가로 28 픽셀, 세로 28 픽셀로 이루어진 입력 이미지 데이터를 일렬로 펼쳐 평탄화해줍니다. 13번 코드는 은닉층에 128개의 노드를 만들라는 의미이고, 각 노드마다 활성화 함수를 ReLU로 지정하고 있습니다. 14번 코드는 출력층을 위한 코드인데요. 10개의 노드를 만들고, 각각의 노드에 소프트맥스 함수를 사용하라는 뜻입니다.

```
11    model = keras.Sequential([
12       keras.layers.Flatten(input_shape=(28, 28)),
13       keras.layers.Dense(128, activation='relu'),
14       keras.layers.Dense(10, activation='softmax')
15    ])
```

코드를 그림으로 표현하면 180쪽의 그림과 같습니다. 입력층은 784개의 노드로 이루어져 있고, 은닉층은 128개의 노드로 구성되어 있습니다. 그리고 마지막 노드는 출력층으로 노드의 개수가 10개입니다. Dense는 완전 연결을 의미하기 때문에 노드들이 서로 빼곡하게 화살표로 연결되어 있습니다.

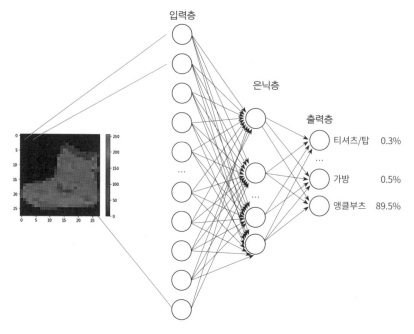

입력층

은닉층

출력층

티셔츠/탑   0.3%

...

가방   0.5%

앵클부츠   89.5%

이미지 분류를 위한 인공신경망

모델 설정하기

모델을 만들고 나면 compile 메소드를 사용해서 훈련을 위한 세부적인 사항을 설정해야 합니다. 첫 번째로 설정하는 것이 옵티마이저입니다. 17번 코드에서는 Adam을 옵티마이저로, 학습률은 0.001로 정했습니다. 손실 함수가 SparseCategoricalCrossentropy인 것을 보니 이 모델은 다중클래스 분류를 하는 모델인 것으로 보이네요. 그리고 모델의 성능(정확도)을 알기 위해 메트릭을 SparseCategoricalAccuracy로 정했습니다.

```
16  model.compile(
17      optimizer=tf.keras.optimizers.Adam(0.001),
18      loss=keras.losses.SparseCategoricalCrossentropy(),
19      metrics=[keras.metrics.SparseCategoricalAccuracy()],)
20
```

7장. 딥러닝 코딩 절차 이해하기

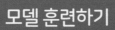

모델 훈련하기

모델을 만들고, 세부사항을 설정했으니, 이제 훈련을 해야 할 시간입니다. fit 메소드를 사용하면 모델이 x_train과 y_train 변수를 입력받아 훈련을 시작합니다.

fit는 우리말로 '맞다', '적합하다'라는 의미인데요. 모델 훈련이란 학습 알고리즘을 입력 데이터와 레이블에 맞추는 과정이기 때문에 'fit'이라는 단어를 사용했습니다.

```
21    history = model.fit(x_train,y_train, batch_size=32, epochs=10,
22                    validation_data=(x_val, y_val))
```

model.fit에는 중요한 3개의 매개변수를 제공하고 있습니다.

epochs: 훈련을 몇 번 반복할지를 결정합니다. 1 에폭은 전체 입력 데이터를 이용
　해 한번 훈련하는 것을 의미하지요.

batch_size: 데이터를 작은 배치로 나누고 모델을 훈련을 합니다. batch_size는 배
　치의 크기를 지정하는 변수입니다. 예를 들어 배치 크기를 32로 지정했다면,
　훈련할 때 32개만큼 데이터를 가져옵니다.

validation_data: 검증 데이터를 이용해 모델의 성능을 모니터링합니다. 여기서 성
　능 메트릭은 손실과 정확도를 사용합니다.

그럼 21번 코드를 함께 살펴볼까요? epoches을 10으로 정했으므로 훈련을 10번 반복하라는 뜻입니다. batch_size가 32이므로 데이터를 32개씩 가져와 훈련해야 하고, 22번 코드의 validation_data는 모델의 과대적합 여부를 확인하기 위해 사용됩니다.

이 메소드를 실행하면 다음과 같은 실행결과를 얻을 수 있습니다. 실행결과를 보니 훈련 데이터가 1,563개이고, 훈련이 10번 반복되었음을 알 수 있습니다.

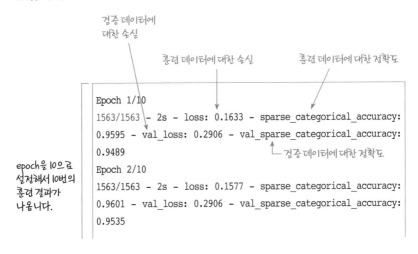

검증 데이터에
대한 손실

훈련 데이터에 대한 손실　　　훈련 데이터에 대한 정확도

```
Epoch 1/10
1563/1563 - 2s - loss: 0.1633 - sparse_categorical_accuracy:
0.9595 - val_loss: 0.2906 - val_sparse_categorical_accuracy:
0.9489
Epoch 2/10
1563/1563 - 2s - loss: 0.1577 - sparse_categorical_accuracy:
0.9601 - val_loss: 0.2906 - val_sparse_categorical_accuracy:
0.9535
```

검증 데이터에 대한 정확도

epoch을 10으로 설정해서 10번의 훈련 결과가 나옵니다.

```
Epoch 3/10
1563/1563 - 2s - loss: 0.1609 - sparse_categorical_accuracy:
0.9604 - val_loss: 0.2795 - val_sparse_categorical_accuracy:
0.9467
Epoch 4/10
1563/1563 - 2s - loss: 0.1542 - sparse_categorical_accuracy:
0.9605 - val_loss: 0.2928 - val_sparse_categorical_accuracy:
0.9464
Epoch 5/10
1563/1563 - 2s - loss: 0.1578 - sparse_categorical_accuracy:
0.9605 - val_loss: 0.2972 - val_sparse_categorical_accuracy:
0.9472
Epoch 6/10
1563/1563 - 2s - loss: 0.1629 - sparse_categorical_accuracy:
0.9609 - val_loss: 0.3164 - val_sparse_categorical_accuracy:
0.9482
Epoch 7/10
1563/1563 - 2s - loss: 0.1504 - sparse_categorical_accuracy:
0.9612 - val_loss: 0.3038 - val_sparse_categorical_accuracy:
0.9520
Epoch 8/10
1563/1563 - 2s - loss: 0.1491 - sparse_categorical_accuracy:
0.9627 - val_loss: 0.3410 - val_sparse_categorical_accuracy:
0.9442
Epoch 9/10
1563/1563 - 2s - loss: 0.1451 - sparse_categorical_accuracy:
0.9626 - val_loss: 0.3248 - val_sparse_categorical_accuracy:
0.9474
Epoch 10/10
1563/1563 - 2s - loss: 0.1510 - sparse_categorical_accuracy:
0.9631 - val_loss: 0.3141 - val_sparse_categorical_accuracy:
0.9522
```

sparse_categorical_accuracy에서 정확도가 0.9631로 출력됩니다. 백분율로 환산하면 96.31%가 되는 군요. 정확도와 함께 손실값도 보입니다.

정확도와 손실값은 모델의 성능을 가늠하는 대표적인 지표이기 때문에 우리가 관심을 가져야 할 숫자이지요.

validation_data는 검증 데이터를 위한 변수입니다. 22번 코드에서 `validation_data=(x_val, y_val)`이라고 작성했기 때문에 이 검증 데이터를 이용해 모델의 손실값과 정확도를 계산합니다.

모델을 훈련하는 동안 손실값과 정확도를 기록으로 남길 수 있습니다. 182쪽의 21번 코드와 같이 fit 메소드를 실행하면 반환결과를 변수에 담을 수 있지요. 여기서는 변수의 이름을 history라고 정해주었습니다.

history 변수에 저장된 값을 이용해 그래프로 그려보겠습니다. 이를 위해 23번 코드에서 matplotlib.pyplot을 임포트했습니다. 이 모듈의 별명을 plt로 지정했기 때문에 앞으로 plt라는 키워드를 사용할 예정입니다.

```python
23    import matplotlib.pyplot as plt
24
25    loss = history.history['loss']
26    val_loss = history.history['val_loss']
27
28    #"bo"는 "파란색 점"입니다
29    plt.plot(loss, 'bo', label='Training loss')
30    # b는 "파란 실선"입니다
31    plt.plot(val_loss, 'b', label='Validation loss')
32
33    plt.title('Training and validation loss')
34    plt.xlabel('Epochs')
35    plt.ylabel('Loss')
36    plt.legend()
37
38    plt.show()
```

25, 26번 코드에서는 loss와 val_loss를 뽑아서 변수에 담아줍니다. 손실값을 그래프로 그려주기 위해 29, 31번 코드에는 plot 메소드의 두 번째 파라미터로 두 변수(loss, val_loss)를 사용하고 있습니다. 31번 코드에서 `plt.plot(val_loss, 'b', label='Validation loss')`와 같이 작성하면 val_loss 변수의 값을 그래프로 그려주라는 의미입니다. 그리고 그래프에 대한 레이블을 Validation loss로 표시합니다.

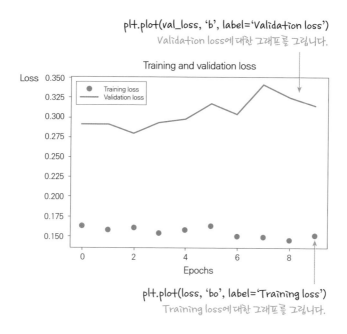

손실 그래프 표시 방법

이제 그래프 정보를 표시하는 방법을 살펴보겠습니다. 33번 코드에서 `plt.title('Training and Validation loss')`는 그래프의 제목을 'Training and Validation loss'라고 표시하는 코드입니다. 34번 코드에서 plt.xlabel('Epochs')는 x축 좌표의 이름을 Epochs라고 지정하고, 35번 코

7장. 딥러닝 코딩 절차 이해하기

드에서 plt.ylabel('Loss')는 y축 좌표의 이름을 Loss라고 지정하고 있군요. 36번의 plt.legend()는 범례를 지정하는 코드입니다. 마지막으로 그래프를 화면에 보여주도록 38번 코드에서는 show 메소드를 사용하고 있습니다.

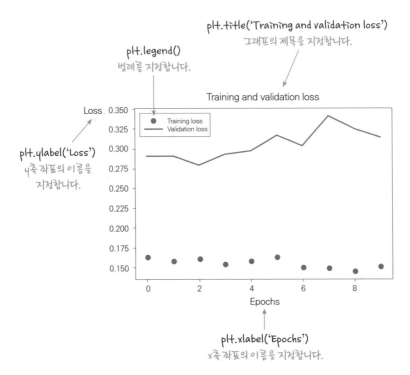

그래프 정보 표시 방법

모델 평가하기

'평가'란 모델의 성능이 좋은지 확인하는 과정입니다. 비유로 설명하면, 공부를 마친 학생들의 실력을 점검할 때가 온 것이죠. 교과서 범위 내에서 시험문제가 만들어져야겠지만, 교과서의 연습문제와 동일하게 시험문제를 출제하지 않습니다. 이런 맥락으로 훈련 데이터를 모델 평가에 사용하지 않습니다. 훈련 데이터를 가지고 모델을 평가한다면 제대로 된 평가가 이루어지지 않겠지요.

모델을 평가하는 방법은 간단합니다. 모델을 평가한다는 의미로 model.evaluate 메소드를 사용하면 됩니다(39번 코드). 그리고 모델 평가를 위한 테스트 데이터와 레이블로 x_test와 y_test를 매개변수로 지정했습니다.

| 39 | results = model.evaluate(x_test, y_test, batch_size=32) |

이 메소드를 실행하면 다음과 같은 결과를 얻을 수 있습니다. 이 결과를 가지고 모델이 잘 훈련되었는지를 판단할 수 있습니다.

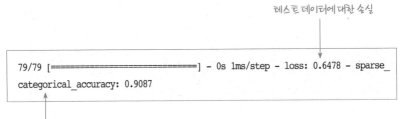

테스트 데이터에 대한 손실

```
79/79 [============================] - 0s 1ms/step - loss: 0.6478 - sparse_
categorical_accuracy: 0.9087
```

테스트 데이터에 대한 정확도

그럼 훈련된 모델로 새로운 데이터를 넣어보고 제대로 결과를 예측하는지 확인해보겠습니다. 모델에게 예측하라는 의미로 predict 메소드를 사용하면 되는데요. 입력 데이터는 테스트 데이터에서 첫 번째 데이터를 사용했습니다.

```
40   result = model.predict(x_test[:1])
41   print(result)
```

predict 메소드를 실행한 결과 다음과 같이 10개의 확률이 결과로 나옵니다. 아래 숫자에서 가장 높은 값이 출력으로 결정된답니다.

```
[[0.0000000e+00    4.1123112e-12    1.4051014e-05    2.8672062e-08    3.7215071e-33
  2.3501418e-20    0.0000000e+00    9.9998593e-01    6.0036017e-30    7.6630115e-22]]
```

모델 저장하기

훈련을 마친 모델을 HDF5 파일 형태로 저장할 수 있습니다. 이 파일에는 가중치뿐만 아니라 모델 구성, 옵티마이저 설정까지 저장되지요.

모델을 저장하는 방법은 간단합니다. 아래와 같이 save 메소드를 사용하면 파일로 저장됩니다.

```
42   model.save('my_model.h5')
```

저장한 파일에서 모델을 불러오기 위해서는 다음과 같이 load_model 메소드를 사용하면 됩니다.

```
43   new_model = keras.models.load_model('my_model.h5')
```

이렇게 저장된 파일에는 가중치 정보가 저장되어 있기 때문에 다시 모델을 훈련할 필요가 없습니다. 그렇기 때문에 바로 evaluate 메소드를 통해 모델을 평가할 수 있답니다.

| 44 | loss, acc = new_model.evaluate(x_test, y_test,verbose=2) |

지금까지 텐서플로우에서 제공하는 메소드 활용 방법을 살펴보았는데요. 이제부터 우리 생활에서 경험할 수 있는 주제로 딥러닝 코딩을 본격적으로 시작하겠습니다.

8장

다중클래스 분류
- 패션 이미지 분류하기

다중클래스 이해하기

컴퓨터가 오른쪽의 그림을 보고 '앵클부츠'라고 말할 수 있을까요? 글쎄요. 그것은 모델이 학습을 완료했느냐에 달려 있습니다. 이미 학습을 완료했다면 가능하지만, 그렇지 않다면 어렵겠지요.

컴퓨터에게 사물 인식 능력을 심어주기 위해서는 긴 여정이 필요합니다. 우선 다음과 같이 수많은 이미지 데이터로 컴퓨터를 학습시켜야 하지요. 이렇게나 많은 데이터로 학습을 시켜야 하냐고 생각하는 분들도 있을 것 같은데요. 앵클부츠 종류가 워낙 다양하기 때문에 이 정도도 부족할 수 있습니다.

패션 MNIST 샘플

텐서플로우에서는 딥러닝을 이용해 분류 모델을 연습해볼 수 있도록 패션 MNIST를 제공하고 있습니다. 패션 MNIST는 다음과 같이 70,000개

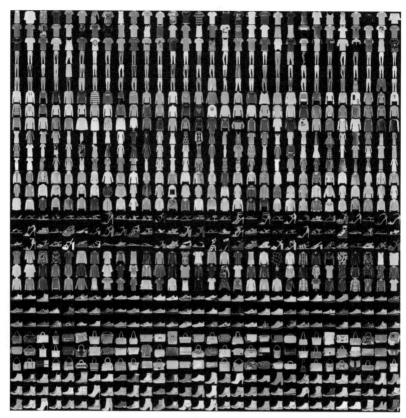

패션-MNIST 샘플(Zalando, MIT License)

의 흑백 이미지로 가득 차 있습니다. 70,000개 흑백 이미지에는 옷, 바지, 가방, 셔츠 등과 같은 사진들이 있지요.

왜 흑백 이미지를 제공하는지 궁금하다고요? 그것은 칼라 이미지를 사용하면 컴퓨터가 처리해야 할 데이터량이 너무 많아지고, 학습 시간이 오래 걸리기 때문입니다.

패션MNIST 데이터 준비

'데이터 로딩'이랑 데이터를 작업하기 위해 메모리에 올리는 과정을 말합니다. 잠시 후 우리가 살펴볼 load_data 메소드가 바로 그런 역할을 하는 메소드인데요.

케라스에서 제공하는 load_data 메소드를 사용하기만 하면 알아서 이미지 데이터를 다운로드 받아 메모리에 올려줍니다.

앞에서 설명한 것처럼 텐서플로우와 케라스를 사용하기 위해서는 import 라는 키워드를 사용해 1, 2번 코드와 같이 작성해야 합니다.

1번 코드의 의미는 tensorflow 패키지를 가져오는데, 앞으로 이름은 tf 라고 짧게 줄여서 부르겠다는 뜻입니다. 2번 코드는 케라스에서 제공하는 메소드를 사용하기 위해 해당 패키지를 임포트하고, 3번 코드는 파이썬 리스트를 넘파이 배열로 바꾸고, 행렬 연산을 수행하기 위한 numpy 패키지를 임포트하고 있습니다.

```
1   import tensorflow as tf
2   from tensorflow import keras
3   import numpy as np
```

이제 케라스에서 제공하는 패션 MNIST 데이터를 내 컴퓨터로 다운로드 받아 메모리에 로딩해보겠습니다.

```
4  fashion_mnist = keras.datasets.fashion_mnist
5  (train_images, train_labels), (test_images, test_labels) = fashion_mnist.load_data()
```

```
Downloading data from https://storage.googleapis.com/tensorflow/tf-keras-data-
sets/train-labels-idx1-ubyte.gz
32768/29515 [==============================] - 0s 0us/step
Downloading data from https://storage.googleapis.com/tensorflow/tf-keras-data-
sets/train-images-idx3-ubyte.gz
26427392/26421880 [=============================] - 0s 0us/step
Downloading data from https://storage.googleapis.com/tensorflow/tf-keras-data-
sets/t10k-labels-idx1-ubyte.gz
8192/5148 [========================================] - 0s 0us/step
Downloading data from https://storage.googleapis.com/tensorflow/tf-keras-data-
sets/t10k-images-idx3-ubyte.gz
4423680/4422102 [============================] - 0s 0us/step
```

5번 코드를 보니 패션 MNIST 데이터를 가져와 훈련 데이터 세트와 테스트 데이터 세트로 나누어 서로 다른 변수에 저장하고 있군요. 70,000개 데이터 중에서 60,000개는 학습을 위한 데이터이고, 10,000개는 모델을 테스트하기 위한 데이터인데요. 다음 그림에서 보듯이 지도 학습을 위해 훈련 데이터 세트에는 이미지 데이터와 레이블로 구성되어 있습니다. 테스트 데이터 세트도 마찬가지이고요.

훈련 데이터가 어떤 모양(현상)으로 들어가 있을까요? 여기서 모양이란 데이터가 몇 차원으로 이루어져 있는지를 의미합니다. 예를 들어, train_ images와 test_images 데이터의 형상은 다음 그림과 같습니다. train_images에는 28×28 행렬의 2차원 데이터가 60,000개 저장되어 있

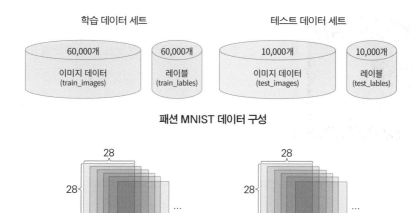

학습 데이터 세트

테스트 데이터 세트

60,000개	60,000개	10,000개	10,000개
이미지 데이터 (train_images)	레이블 (train_lables)	이미지 데이터 (test_images)	레이블 (test_lables)

패션 MNIST 데이터 구성

고, test_images는 10,000개가 저장되어 있습니다.

우리는 행렬의 연산에 영향을 미치는 데이터의 모양에 관심을 가져야 합니다. 이를 위해 텐서플로우에서는 다음과 같이 shape라는 변수를 제공하고 있습니다.

6	train_images.shape

train_images.shape를 실행하면 다음과 같은 결과를 얻을 수 있습니다. train_images에는 60,000개의 이미지 데이터가 있고, 각각의 데이터는 28×28 행렬의 값으로 이루어졌다는 사실을 알 수 있습니다.

```
(60000, 28, 28)
```

하나의 이미지는 28×28 픽셀로 표현되고, 하나의 픽셀은 0에서 255 사

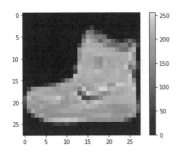

이의 숫자로 결정됩니다. 0은 검정색이고, 255
는 흰색으로 표현된다는 점도 기억해주세요.

레이블은 선생님처럼 모델을 지도하기 위
해 사용됩니다. 유치원 교실 벽에 걸려진 동물
그림 아래에 이름이 붙어 있는 것처럼 아래와
같이 이미지에 레이블을 붙여보았습니다.

60,000개나 되는 이미지는 티셔츠, 바지, 스웨터 등과 같은 10개의 클
래스로 분류될 수 있습니다. 컴퓨터는 숫자를 좋아하기 때문에 레이블을
0, 1, 2와 같이 숫자로 정해놓았습니다. 예를 들어, 바지를 1로, 스웨터는 2
로 정했습니다.

클래스	레이블
티셔츠/탑(T-shirt/top)	0
바지(Trouser)	1
스웨터(Pullover)	2
드레스(Dress)	3
코트(Coat)	4
샌들(Sandal)	5
셔츠(Shirt)	6
스니커(Sneaker)	7
가방(Bag)	8
앵클부츠(Ankle boot)	9

정리하자면, 훈련 데이터 세트는 train_images 와 train_lables의 넘파이◆ 배열에 각각 담기게 되고, 테스트 데이터 세트는 test_images와 test_lables의 넘파이 배열에 각각 담기게 됩니다.

◆ 넘파이(NumPy)는 행렬이나 대규모 다차원 배열을 쉽게 처리할 수 있도록 지원하는 파이썬의 라이브러리입니다. 넘파이를 통해 만들어진 배열을 '넘파이 배열'이라고 부릅니다.

앞에서 살펴본 것처럼 입력 데이터는 0~255 사이의 값을 가지고 있습니다. 일반적으로 머신러닝 모델의 입력값이 0~1 사이나 -1~1 사이일 때 잘 동작하기 때문에 신경망 모델에 데이터를 넣어주기 전에 데이터의 범위를 조정하고 있고, 이것을 이것을 '정규화'라고 부릅니다. 이런 이유로 다음과 같이 입력 데이터를 255로 나누어주고 있습니다.

```
7  train_images = train_images / 255.0
8  test_images = test_images / 255.0
```

모델 만들기

데이터가 준비되었으니 이제 다음과 같은 신경망을 구성할 때가 되었습니다.

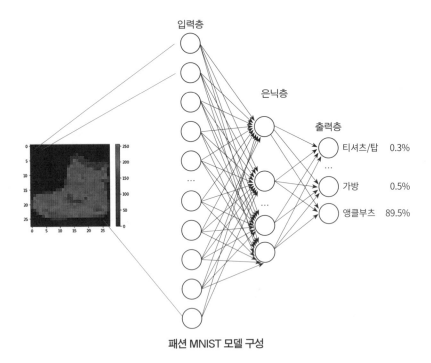

패션 MNIST 모델 구성

여러 개의 층(layer)을 조합하여 신경망을 구성할 수 있고, 이것을 모델 (model)이라고 부릅니다. 이번 시간에 살펴볼 모델은 층이 차례대로 쌓이는 tf.keras.Sequential로 3개의 층으로 이루어진 모델입니다. 첫 번째 층은 이미지 데이터로부터 입력을 받는 층입니다. 이미지가 28×28 픽셀로 표현되므로, 이것을 평탄화하면 784개의 입력 노드가 필요합니다.

이미지의 하나의 픽셀은 입력층의 한 개 노드로 연결됩니다. 그 다음의 은닉층은 128개의 노드로 구성되고, 마지막 출력층은 10개의 노드로 구성되어 있습니다.

이것을 코드로 작성하면 다음과 같습니다. 10번 코드에서 keras.layers.Flatten은 2차원 배열(28×28 픽셀)의 이미지 포맷을 784 픽셀의 1차원 배열로 변환하고 있습니다. 이 층에는 가중치가 없고 데이터를 은닉층으로 보내주기만 하지요.

```
 9    model = keras.Sequential([
10      keras.layers.Flatten(input_shape=(28, 28)),
11      keras.layers.Dense(128, activation='relu'),
12      keras.layers.Dense(10, activation='softmax')
13    ])
```

그 다음으로 11번 코드에서는 두 개의 keras.layers.Dense 층을 연속해 연결합니다. 이 층을 밀집 연결(densely-connected) 또는 완전 연결(fully-connected) 층이라고 부르는데요.

은닉층인 Dense 층은 128개의 노드를 가지고 있고, 각각의 활성함수로 ReLU를 사용하고 있습니다. 그리고 마지막 출력층(12번 코드)은 10개의 노드로 구성되어 있고, 각 노드는 소프트맥스(softmax)를 활성화 함수로 사용하고 있습니다.

ReLU 함수는 각 노드에서 0보다 작은 값이 들어오면 출력값을 0으로 하고, 0보다 크면 입력값과 동일하게 출력값을 내보내는 함수이죠.

소프트맥스 함수는 확률값을 반환하는 함수입니다. 바지 이미지를 모델의 입력으로 넣어주면, 바지 노드의 확률값(0.735)은 가장 높게 출력되지만, 나머지는 확률값이 낮게 나옵니다. 이런 식으로 이미지를 10개의 클래스로 분류하는 것이 이 모델이 하는 일입니다.

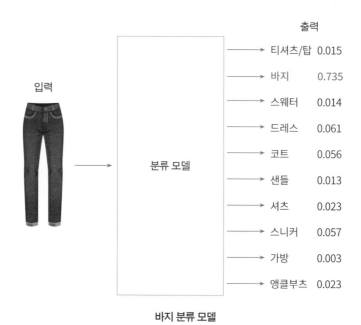

바지 분류 모델

만약, 훈련 데이터에 없는 모자 이미지를 모델의 입력으로 넣어주면 어떻게 될까요? 이 모델은 10개의 클래스에서 하나를 결정하도록 설계되어 있으므로 10개 중에서 높은 확률값을 갖는 노드가 최종 출력으로 결정될 겁니다. 이렇게 학습되지 않은 이미지에 대해서는 엉뚱한 결과를 내놓게 됩니다.

모델 훈련을 시작하기 전에 몇 가지 설정할 것이 남아 있습니다. 바로 손실 함수, 옵티마이저, 메트릭인데요. 각각의 의미를 함께 살펴보도록 하겠습니다.

```
14    model.compile(optimizer='adam',
15        loss='sparse_categorical_crossentropy',
16        metrics=['accuracy'])
```

손실 함수는 앞에서 살펴본 것과 같이 기대출력과 실제출력의 차이(오차)를 계산하는 함수입니다. 모델은 오차가 최소가 되도록 적절한 가중치의 값을 찾아가는데요. 최적의 값을 찾기 위해 여기서는 adam이라는 옵티마이저를 사용하고 있습니다.

기대출력과 실제출력이 같으면 정확도가 높아지는 것이고, 다르다면 정확도가 떨어지게 되는데요. 이런 정확도를 계산해주도록 accuracy를 메트릭으로 사용하고 있습니다(16번 코드).

드디어 데이터를 이용해 모델을 훈련하는 순간입니다. 모델의 입력으로 fit 메소드에 이미지 데이터(train_images)와 레이블(train_labels)을 넣어주면 훈련이 시작됩니다.

```
17   model.fit(train_images, train_labels, epochs=5)
```

모델을 훈련하면 다음과 같이 손실값과 정확도가 화면에 출력됩니다. accuracy가 0.8930으로 찍히는 것을 보니 정확도가 89.30%라는 사실을 알 수 있습니다. 즉, 모델이 이미지를 받으면 100개 중에 82개는 맞출 수 있고, 18개는 틀릴 수 있다는 것이지요.

```
Train on 60000 samples
Epoch 1/5
60000/60000 [==============================] - 4s 74us/sample - loss: 0.4948
- accuracy: 0.8255
Epoch 2/5
```

```
60000/60000 [==============================] - 4s 62us/sample - loss: 0.3725
- accuracy: 0.8664
Epoch 3/5
60000/60000 [==============================] - 4s 61us/sample - loss: 0.3349
- accuracy: 0.8774
Epoch 4/5
60000/60000 [==============================] - 4s 62us/sample - loss: 0.3115
- accuracy: 0.8860
Epoch 5/5
60000/60000 [==============================] - 4s 61us/sample - loss: 0.2946
- accuracy: 0.8930

<tensorflow.python.keras.callbacks.History at 0x7f1d480e31d0>
```

　여기서 에폭(epoch)을 5로 정했기 때문에 60,000개 데이터에 대한 학습을 5번 수행하게 됩니다.

모델 평가하기

학습을 마치면 정말 훈련이 잘 되었는지 테스트해야 합니다. 이를 위해 evaluate라는 메소드를 사용하는데요. 이 함수에는 시험문제와 정답지의 의미로 test_images와 test_lables를 매개변수로 넣어줍니다. 그러면 손실 값과 정확도가 알아서 계산됩니다.

```
18    test_loss, test_acc = model.evaluate(test_images, test_labels, verbose=2)
19    print('\n테스트 정확도:', test_acc)
```

실행결과는 다음과 같습니다. 테스트 정확도가 86.01%인 것으로 나타나네요. 훈련 정확도와 테스트 정확도가 비슷한 것을 보니 훈련 데이터에 너무 꼭 맞는 과대적합의 문제는 없는 것 같습니다.

```
10000/1 - 1s - loss: 0.2867 - accuracy: 0.8601

테스트 정확도: 0.8601
```

학교 공부가 끝나고 시험도 패스했다면 이제 사회에 나가서 주어진 미션을 해결할 수 있어야 합니다. 이 모델이 해결해야 하는 미션은 무엇일까요? 바로 셔츠 이미지를 보고 셔츠라고 말하고, 스웨터 이미지를 보고 스웨터라고 말하는 것입니다. 너무 쉽다고요? 앞에서 설명드렸지만 이런 것들이 사람에게는 쉽지만, 컴퓨터에게는 매우 어려운 일이지요.

모델에게 테스트 이미지(test_images)를 입력으로 넣어주었더니, 각 이미지의 레이블을 예측하였습니다. 이미지를 보여주고 어떤 사물인지 예측한 결과는 predictions 변수에 담기게 됩니다.

| 20 | predictions = model.predict(test_images) |

아래와 같이 코드를 작성해 10,000개의 테스트 이미지 중에서 첫 번째 이미지를 어떻게 예측하는지 한번 살펴보겠습니다.

| 21 | predictions[0] |

이 코드를 실행하면 다음의 숫자들을 보여줍니다. 왠지 컴퓨터에게 이미지를 보여주면 '이것은 앵클부츠입니다'라고 말할 것 같지만, 컴퓨터는 이렇게 성의 없이 숫자만 보여줍니다. 하지만, 어쩔 수 없습니다. 이것이 컴퓨터가 표현하는 방법이거든요.

```
array([1.6537431e-05, 8.6610027e-07, 1.9992506e-06, 9.1384734e-08,
       1.2081074e-06, 1.7686512e-02, 9.6968342e-06, 1.6786481e-01,
       2.6662360e-04, 8.1415164e-01], dtype=float32)
```

그렇다면 우리가 컴퓨터에 맞춰 이 숫자들의 정체를 이해해야 할 것 같습니다. 각각의 숫자는 10개의 이미지에 대한 신뢰도(confidence)를 의미합니다. confidence 단어를 사용한 것을 보니 신뢰도보다는 자신감이라는 표현이 더 어울릴 것 같은데요. 숫자들을 비교해보니 10번째 숫자(8.1415164e-01)가 가장 높은 것을 알 수 있습니다. 즉, 10번째의 신뢰도가 가장 높다는 의미이지요.

우리는 다음과 같이 코드를 작성해서 가장 높은 값을 찾을 수 있습니다.

```
22   np.argmax(predictions[0])
```

출력결과가 9라고 나오는 것을 보니 모델이 앵클부츠로 판단한 것이 분명합니다.

◆ 컴퓨터는 0부터 숫자를 카운트하기 때문에 10번째의 의미로 9가 출력되었습니다.

```
9
```

9장

이진분류
- 영화 리뷰 분류하기

이진분류 이해하기

앞에서 넷플릭스의 머신러닝 활용 사례를 설명한 적이 있었죠? 영화 후기(리뷰)를 잘 분석하는 것만으로도 고객의 취향에 맞는 영화 추천에 도움이 된답니다.

이번 시간에는 인터넷 영화 데이터베이스(Internet Movie Database)에서 수집한 50,000개 영화 리뷰를 긍정과 부정으로 분류하는 문제를 해결해보겠습니다. 하루에도 수많은 리뷰가 올라오고 있는데 이것을 일일이 사람이 분류하는 것은 어려운 일이기 때문에 딥러닝을 통해 이런 문제를 해결할 수 있다는 것은 의미있는 일입니다. 영화 리뷰를 0(부정)과 1(긍정)로 분류하기 때문에 이것을 이진분류(binary classification)라고 부릅니다.

영화 데이터베이스에는 50,000개의 영화 리뷰가 담겨 있습니다. 25,000개 리뷰는 훈련용으로, 25,000개 리뷰는 테스트용으로 나뉘어 있는데요. 긍정 리뷰와 부정 리뷰는 동일한 데이터 분포로 이루어져 있습니다.

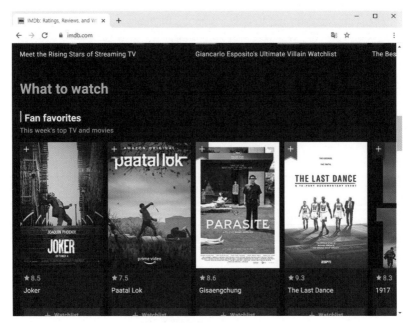

영화 데이터베이스 (출처: www.imdb.com)

IMDB 데이터 준비

우선 다음과 같이 텐서플로우와 케라스를 임포트해야 합니다.

```
1    import tensorflow as tf
2    from tensorflow import keras
```

다음과 같이 load_data 메소드를 이용하면 데이터를 메모리에 올려줍니다. num_words = 10000은 훈련 데이터에서 가장 많이 등장하는 상위 10,000개의 단어를 선택하라는 의미입니다. 모든 단어를 이용해 데이터를 분석하면 용량이 커지기 때문에 이렇게 자주 등장하는 단어만 뽑았습니다.

```
3    imdb = keras.datasets.imdb
4
5    (train_data, train_labels), (test_data, test_labels) = imdb.load_data(num_
6    words=10000)
```

이 코드를 실행하면 다음과 같이 데이터가 다운로드됩니다.

Downloading data from https://storage.googleapis.com/tensorflow/tf-keras-datasets/imdb.npz
17465344/17464789 [==============================] - 0s 0us/step

그럼 로딩한 데이터를 한번 살펴볼까요? 아래 코드를 실행해 훈련 데이터와 레이블의 길이를 확인해보겠습니다.

7	"훈련 데이터: {}, 레이블: {}".format(len(train_data), len(train_labels))

다음과 같이 훈련 데이터와 레이블은 각각 25,000개가 있습니다.

훈련 데이터: 25000, 레이블: 25000

그럼, 첫 번째 훈련 데이터는 어떤 값이 들어가 있는지 볼까요?

8	train_data[0]

아래와 같이 리뷰 내용이 숫자로 표시됩니다. 이렇게 숫자를 사용하는 이유는 모델이 입력을 숫자로 받기 때문이죠. 그래도 문제될 것 없습니다. 사람들이 보기 편하게 숫자를 글자로 바꿀 수 있으니까요.

```
[1, 14, 22, 16, 43, 530, 973, 1622, 1385, 65, 458, 4468, 66, 3941, 4, 173, 36,
256, 5, 25, 100, 43, 838, 112, 50, 670, 2, 9, 35, 480, 284, 5, 150, 4, 172,
112, 167, 2, 336, 385, 39, 4, 172, 4536, 1111, 17, 546, 38, 13, 447, 4, 192,
50, 16, 6, 147, 2025, 19, 14, 22, 4, 1920, 4613, 469, 4, 22, 71, 87, 12, 16,
43, 530, 38, 76, 15, 13, 1247, 4, 22, 17, 515, 17, 12, 16, 626, 18, 2, 5, 62,
386, 12, 8, 316, 8, 106, 5, 4, 2223, 5244, 16, 480, 66, 3785, 33, 4, 130, 12,
16, 38, 619, 5, 25, 124, 51, 36, 135, 48, 25, 1415, 33, 6, 22, 12, 215,
```

```
28, 77, 52, 5, 14, 407, 16, 82, 2, 8, 4, 107, 117, 5952, 15, 256, 4, 2, 7,
3766, 5, 723, 36, 71, 43, 530, 476, 26, 400, 317, 46, 7, 4, 2, 1029, 13, 104,
88, 4, 381, 15, 297, 98, 32, 2071, 56, 26, 141, 6, 194, 7486, 18, 4, 226, 22,
21, 134, 476, 26, 480, 5, 144, 30, 5535, 18, 51, 36, 28, 224, 92, 25, 104,
4, 226, 65, 16, 38, 1334, 88, 12, 16, 283, 5, 16, 4472, 113, 103, 32, 15, 16,
5345, 19, 178, 32]
```

이 숫자가 어떤 내용의 리뷰인지 궁금하시다고요? 그럼 숫자를 단어로 변환해주는 코드를 작성해 리뷰의 내용을 확인해보겠습니다. 숫자를 단어로 바꾸기 위한 코드는 다음과 같습니다. get_word_index 메소드를 통해 json 파일을 받아오고(9번 코드), 이것을 decode_review 메소드를 통해 숫자를 단어로 바꿀 수 있습니다(20번 코드).

```
9    word_index = imdb.get_word_index(path='../imdb_word_index.json')
10
11   word_index = {k:(v+3) for k,v in word_index.items()}
12
13   word_index["<PAD>"] = 0
14   word_index["<START>"] = 1
15   word_index["<UNK>"] = 2 # unknown
16   word_index["<UNUSED>"] = 3
17
18   reverse_word_index = dict([(value, key) for (key, value) in word_index.items()])
19
20   def decode_review(text):
21     return ' '.join([reverse_word_index.get(i, '?') for i in text])
```

이제 decode_review 메소드를 사용해 첫 번째 리뷰 텍스트를 출력해보겠습니다.

```
22   decode_review(train_data[0])
```

◆ 숫자를 단어로 바꾸기 위해 매핑정보가 필요합니다. 매핑정보는 imdb_word_index. json 파일에 저장되어 있는데요. 다음 경로에서 확인할 수 있습니다. https://storage. googleapis.com/tensorflow/ tf-keras-datasets/imdb_ word_index.json

아래 내용을 보니 이제 좀 리뷰 같아 보이는군요. amazing, good, lovely라는 단어를 보니 긍정 리뷰라는 느낌이 옵니다.

```
"<START> this film was just brilliant casting location scenery story di-
rection everyone's really suited the part they played and you could just
imagine being there robert <UNK> is an amazing actor and now the same
being director <UNK> father came from the same scottish island as myself
so i loved the fact there was a real connection with this film the witty
remarks throughout the film were great it was just brilliant so much that
i bought the film as soon as it was released for <UNK> and would recommend
it to everyone to watch and the fly fishing was amazing really cried at the
end it was so sad and you know what they say if you cry at a film it must
have been good and this definitely was also <UNK> to the two little boy's
that played the <UNK> of norman and paul they were just brilliant children
are often left out of the <UNK> list i think because the stars that play
them all grown up are such a big profile for the whole film but these chil-
dren are amazing and should be praised for what they have done don't you
think the whole story was so lovely because it was true and was someone's
life after all that was shared with us all"
```

그럼 첫 번째 리뷰와 두 번째 리뷰의 길이를 비교해볼까요? 아래와 같이 코드를 실행하니 (218, 189)라는 결과를 얻었습니다. 첫 번째와 두 번째 리뷰의 길이가 다르군요.

```
23    len(train_data[0]), len(train_data[1])
```

```
(218, 189)
```

모든 리뷰의 길이가 동일해야 텐서플로우에서 처리가 가능하기 때문에 다음과 같이 pad_sequences 메소드를 사용해 길이를 맞춰보겠습니다. padding='post'는 정장 어깨 부분에 패딩이 들어가듯이 리뷰의 끝 부분에 무의미한 값을 채우라는 의미입니다(25번 코드).

24	train_data = keras.preprocessing.sequence.pad_sequences(train_data,
25	value=word_index["0"], padding='post', maxlen=256)
26	
27	test_data = keras.preprocessing.sequence.pad_sequences(test_data,
28	value=word_index["0"],padding='post', maxlen=256)

다시 첫 번째 리뷰와 두 번째 리뷰의 길이를 비교해보겠습니다. 이제는 두 리뷰의 길이가 (256, 256)으로 같아졌습니다.

| 29 | len(train_data[0]), len(train_data[1]) |

```
(256, 256)
```

그럼, 방금 살펴본 데이터가 어떻게 패딩되었는지 한번 확인해볼까요?

| 30 | train_data[0] |

30번 코드를 실행하니 다음의 결과가 출력됩니다. 아래쪽에 0으로 채워진 것을 알 수 있습니다.

```
[   1    14    22    16    43   530   973  1622 1385 65    458   4468 66    3941
    4   173    36   256     5    25   100    43  838 112    50    670  2      9
   35   480   284     5   150     4   172   112  167  2     336    385 39      4
  172  4536  1111   17   546    38    13   447    4 192    50     16  6     147
 2025   19    14    22     4  1920  4613  469    4  22     71     87 12     16
   43   530    38    76    15    13  1247     4   22  17    515    17 12     16
  626   18     2     5    62   386    12     8  316  8     106     5  4    2223
```

9장. 이진분류

```
5244  16    480   66    3785  33    4     130   12    16    38    619   5     25
124   51    36    135   48    25    1415  33    6     22    12    215   28    77
52    5     14    407   16    82    2     8     4     107   117   5952  15    256
4     2     7     3766  5     723   36    71    43    530   476   26    400   317
46    7     4     2     1029  13    104   88    4     381   15    297   98    32
2071  56    26    141   6     194   7486  18    4     226   22    21    134   476
26    480   5     144   30    5535  18    51    36    28    224   92    25    104
4     226   65    16    38    1334  88    12    16    283   5     16    4472  113
103   32    15    16    5345  19    178   32    0     0     0     0     0     0
0     0     0     0     0     0     0     0     0     0     0     0     0     0
0     0     0     0     0     0     0     0     0     0     0     0     0     0
0     0     0     0     ]
```

모델 만들기

데이터를 다운로드 받고 준비하는 과정을 마쳤습니다. 이제 신경망의 층을 쌓아 모델을 만들어볼까요? 모델은 숫자로 작성된 리뷰를 입력받아 4개의 층을 거쳐 출력층에서는 0과 1를 내보냅니다.

영화 리뷰를 분류하는 모델

첫 번째 층은 Embedding 층입니다. 앞에서 리뷰가 정수 형태로 입력 되는데요. 222쪽 34번 코드는 정수를 입력 받아 실수 형태의 벡터값으로 바꿔줍니다. 이 벡터값은 단어 간의 의미적인 관계를 저장하는데요. 예를 들어, 토마토와 사과가 관계가 있음을 알려주지요.

9장. 이진분류

```
31   vocab_size = 10000
32
33   model = keras.Sequential()
34   model.add(keras.layers.Embedding(vocab_size, 16, input_shape=(None,)))
35   model.add(keras.layers.GlobalAveragePooling1D())
36   model.add(keras.layers.Dense(16, activation='relu'))
37   model.add(keras.layers.Dense(1, activation='sigmoid'))
38
39   model.summary()
```

Embedding(vocab_size, 16, input_shape=(None,)에서 vocab_size가 10000이므로, 각각의 단어가 0~10000 사이의 숫자로 표현되고, 각 단어는 16차원 벡터로 바뀐다는 의미입니다.

35번 코드의 GlobalAveragePooling1D는 풀링을 수행하라는 의미입니다. Global Average Pooling의 의미는 다음과 같습니다. 그림을 보면 4×4 입력을 대상으로 2×2 필터를 적용한 모습인데요. Average Pooling의 경우 입력에서 필터 크기만큼의 값을 가져와 평균을 계산합니다.

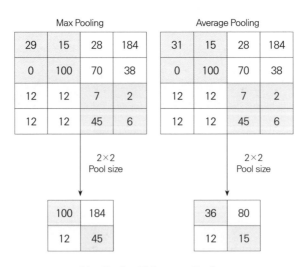

Max Pooling과 Average Pooling

백터값은 16개의 은닉층을 가진 완전 연결층(Dense)으로 전달됩니다 (36번 코드). 그리고 마지막 층은 하나의 출력 노드를 가진 출력층으로(37번 코드), sigmoid 활성화 함수를 사용했기 때문에 0과 1 사이의 실수값을 출력합니다.

아래 코드에서는 손실 함수와 옵티마이저를 정하고 있습니다. 이진분류의 문제이고 모델이 확률값을 출력하므로 binary_crossentropy 손실 함수를 사용하고 있습니다.

```
40   model.compile(optimizer='adam', loss='binary_crossentropy',
         metrics=['accuracy'])
```

원본 훈련 데이터에서 10,000개의 샘플을 떼어내어 검증 데이터 세트(validation set)를 만들겠습니다. 41번 코드는 25,000개 데이터에서 앞부분 10,000개의 데이터를 검증 데이터로 뽑았고, 44번 코드는 25,000개 데이터에서 앞부분 10,000개를 레이블로 뽑았습니다. 검증 데이터는 validation의 앞글자를 이용해 변수의 이름을 x_val과 y_val과 같이 지어주었군요.

42번, 45번 코드는 25,000개 데이터에서 10,000개 이후의 데이터를 훈련 데이터 및 레이블로 뽑았습니다. 즉 훈련 데이터와 레이블은 각각 15,000개가 되겠군요.

```
41   x_val = train_data[:10000]
42   partial_x_train = train_data[10000:]
43
44   y_val = train_labels[:10000]
45   partial_y_train = train_labels[10000:]
```

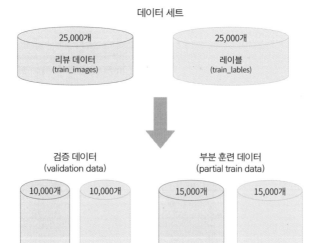

데이터 세트

25,000개	25,000개
리뷰 데이터 (train_images)	레이블 (train_lables)

검증 데이터
(validation data)

부분 훈련 데이터
(partial train data)

10,000개	10,000개	15,000개	15,000개
x_val	y_val	partial_x_train	partial_y_train

검증 데이터와 훈련 데이터

모델 훈련하기

이제 모델을 훈련시켜보겠습니다. batch_size가 512라는 의미는 훈련 데이터에서 512개만큼 떼내어 모델을 훈련시키겠다는 의미입니다(49번 코드). 그리고 에폭(epoch)이 40이므로 훈련을 40번 반복합니다(48번 코드). 훈련하는 동안 10,000개의 검증 데이터 세트를 이용해 모델의 손실값과 정확도를 계산해줍니다(50번 코드).

```
46    history = model.fit(partial_x_train,
47            partial_y_train,
48            epochs=40,
49            batch_size=512,
50            validation_data=(x_val, y_val),
51            verbose=1)
```

226쪽의 노란색 박스에 모델의 훈련과정을 보여줍니다. 여기서 훈련 데이터는 15,000개라는 것을 의미하고, 검증 데이터는 10,000개라는 것을 알려줍니다.

첫 번째 에폭에서는 정확도가 0.5115였는데, 에폭을 거듭할수록 정확

부분 훈련 데이터의 미니배치 및 에폭

도가 높아져 0.9731까지 올라갔습니다. 그렇다면 val_accuracy는 어떤 의미일까요? 이것은 검증 데이터에 대한 정확도를 의미합니다.

```
Train on 15000 samples, validate on 10000 samples
Epoch 1/40
15000/15000 [==============================] - 1s 73us/sample - loss: 0.6925
- accuracy: 0.5115 - val_loss: 0.6914 - val_accuracy: 0.5264
Epoch 2/40
15000/15000 [==============================] - 0s 24us/sample - loss: 0.6890
- accuracy: 0.6398 - val_loss: 0.6864 - val_accuracy: 0.6727
Epoch 3/40
15000/15000 [==============================] - 0s 23us/sample - loss: 0.6803
- accuracy: 0.7129 - val_loss: 0.6742 - val_accuracy: 0.7449
Epoch 4/40
15000/15000 [==============================] - 0s 23us/sample - loss: 0.6622
- accuracy: 0.7674 - val_loss: 0.6526 - val_accuracy: 0.7596

(중략)
```

```
Epoch 37/40
15000/15000 [==============================] - 0s 23us/sample - loss: 0.1121
- accuracy: 0.9690 - val_loss: 0.2975 - val_accuracy: 0.8839
Epoch 38/40
15000/15000 [==============================] - 0s 23us/sample - loss: 0.1078
- accuracy: 0.9698 - val_loss: 0.2998 - val_accuracy: 0.8844
Epoch 39/40
15000/15000 [==============================] - 0s 23us/sample - loss: 0.1041
- accuracy: 0.9715 - val_loss: 0.3033 - val_accuracy: 0.8830
Epoch 40/40
15000/15000 [==============================] - 0s 22us/sample - loss: 0.1003
- accuracy: 0.9731 - val_loss: 0.3046 - val_accuracy: 0.8846
```

훈련 데이터에 대한 정확도가 매우 높다는 것은 과대적합이 발생하고 있다는 신호이기도 합니다. 과대적합은 모델이 훈련 데이터에 너무 꼭 맞아 생기는 문제이지요.

이제 앞에서 떼어놓은 테스트 데이터로 이 모델이 좋은지 평가해보겠습니다.

```
52   results = model.evaluate(test_data, test_labels, verbose=2)
53
54   print(results)
```

다음 실행결과를 보니 정확도가 0.8736가 출력됩니다. 훈련 데이터의 정확도는 97.31%이지만, 테스트 데이터가 87.36% 인 것을 보니, 과대적합◆이 발생했다는 사실을 알 려줍니다.

◆ 과대적합을 해결하는 방법은 11장에서 설명하고 있습니다.

```
25000/1 - 1s - loss: 0.3351 - accuracy: 0.8736
[0.32380432548522947, 0.87356]
```

9장. 이진분류

model.fit 메소드는 훈련하는 동안 일어난 이벤트를 history 객체에 자취를 남기기 때문에 이 기록을 history_dict 변수에 담습니다.

```
55   history_dict = history.history
56   history_dict.keys()
```

다음과 같이 dict_key에는 4개의 항목이 있습니다. 손실값과 정확도인데요. 각각을 그래프로 그려보면 훈련횟수(에폭)가 증가하면서 정확도가 어떻게 변화하는지 추이를 살펴볼 수 있습니다.

```
dict_keys(['loss', 'accuracy', 'val_loss', 'val_accuracy'])
```

우선 다음 코드를 통해 훈련 데이터와 검증 데이터의 손실값을 그래프로 그려보겠습니다.

```
57   import matplotlib.pyplot as plt
58
59   acc = history_dict['accuracy']
60   val_acc = history_dict['val_accuracy']
61   loss = history_dict['loss']
62   val_loss = history_dict['val_loss']
63
64   epochs = range(1, len(acc) + 1)
65
66   # "bo"는 "파란색 점"입니다
67   plt.plot(epochs, loss, 'bo', label='Training loss')
68   # b는 "파란 실선"입니다
69   plt.plot(epochs, val_loss, 'b', label='Validation loss')
70   plt.title('Training and validation loss')
71   plt.xlabel('Epochs')
72   plt.ylabel('Loss')
73   plt.legend()
74
75   plt.show()
```

코드를 실행하면 다음과 같은 그림이 그려지는데요. 훈련횟수(에폭)가 증가하면서 훈련 데이터에 대한 손실값이 감소하고 있습니다.

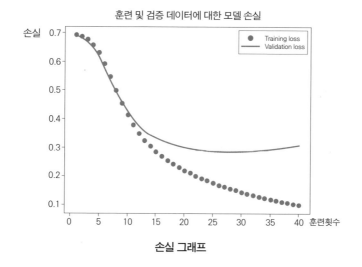

손실 그래프

다음과 같이 코드를 작성해 정확도를 그래프로 그려보겠습니다.

```
76    plt.clf()
77
78    plt.plot(epochs, acc, 'bo', label='Training acc')
79    plt.plot(epochs, val_acc, 'b', label='Validation acc')
80    plt.title('Training and validation accuracy')
81    plt.xlabel('Epochs')
82    plt.ylabel('Accuracy')
83    plt.legend()
84
85    plt.show()
```

코드를 실행하면 아래와 같이 2개의 그래프가 그려집니다. 점선은 훈련 데이터의 정확도를 의미하고, 실선은 검증 데이터의 정확도를 의미합니다. 훈련 데이터의 경우 훈련횟수가 증가할수록 정확도가 높아진다는 것을 알 수 있습니다.

그래프를 보면 약 10번째 즈음부터 훈련 데이터의 정확도와 검증 데이

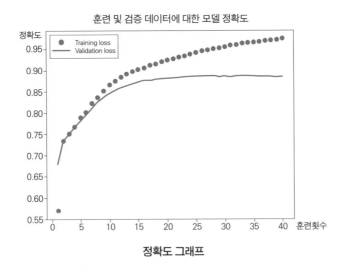

정확도 그래프

터의 정확도의 차이가 발생하기 시작합니다. 이것은 과대적합 때문인데요. 모델을 훈련 데이터에 너무 꼭 맞게 훈련을 시켜놓아 새로운 데이터에서는 성능이 떨어질 수 있습니다. 이렇게 되면 훈련 데이터에서만 성능이 좋게 나오고, 실전에 나가서는 오히려 제 성능을 발휘하지 못하는 문제가 발생합니다. 그러므로 과대적합을 막기 위해서 10~15번째 사이에서 훈련을 멈춰야 합니다.

10장

회귀 분석
- 자동차 연비 예측하기

회귀 분석 이해하기

회귀 분석(regression analysis)이란 두 변수들 간의 관계를 모델로 만들어 분석하는 방법입니다. 여기서 두 변수란 독립변수와 이 독립변수에 영향을 받는 종속변수를 의미하는데요.

회귀 분석을 통해 우리가 관심을 갖는 주제와 관련하여 이 주제에 영향을 미치는 변수를 찾아낼 수 있습니다. 예를 들어, '영화관 만족도'가 우리가 관심을 가질 수 있는 주제라면, '티켓 가격'은 주제에 영향을 미치는 변수임을 회귀 분석을 통해 발견할 수 있게 되지요.

회귀 분석에서는 충분한 데이터를 이용해 데이터들의 관계를 분석합니다. 수많은 데이터들의 관계를 이해하기 위해 236쪽과 같은 그래프로 데이터를 시각화하는 경우를 쉽게 볼 수 있는데요.

그래프에서 y축은 종속변수가 되는 것이고, x축은 독립변수가 됩니다. 예를 들어, y축은 '영화관 만족도'가 될 수 있고, x축은 '티켓 가격'이 될 수 있습니다.

왼쪽 그래프를 보면 티켓 가격이 높을수록 영화관 만족도가 낮다는 것을 알 수 있습니다. 데이터의 관계를 모델로 정의하기 위해 오른쪽 그림과

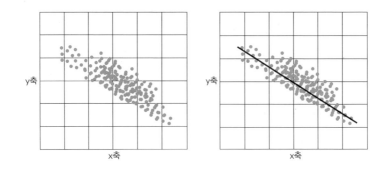

같이 데이터 중간에 선을 그려보겠습니다. $y = -2x + 5$와 같은 공식을 정의했다면 이것을 모델이라고 부릅니다.

우리가 모델을 만든다는 것은 과거의 데이터를 활용해 미래를 예측할 수 있는 함수를 정의하는 것이죠. 이렇게 모델이 만들어지면 새로운 데이터에 대해 결과를 예측하게 할 수 있습니다.

이제 텐서플로우를 이용해 회귀 분석을 위한 모델을 만들어보겠습니다. 다음과 같이 자동차의 실린더, 배기량, 마력, 무게 등의 데이터가 있다면 이 차의 연비는 어떻게 될까요? '연비'란 연료 1리터로 이동한 거리를 의미하는데요. 차에 1리터의 연료를 넣고 이동한 거리를 계산하면 연비를 구할 수 있습니다.

연비 (MPG)	실린더 (Cylinders)	배기량 (Displace- ment)	마력 (Horse- power)	무게 (Weight)	가속기 (Accelera- tion)	생산년도 (Model year)	생산국가 (Origin)
?	4	115	81.0	2700	19.4	82	1

1982년도에 생산되었던 자동차를 대상으로 연비를 분석해야 하기 때문에 연료를 넣을 수 있는 자동차가 없습니다. 실생활에서 이런 문제가 종종 발생하기 때문에 회귀 분석을 이용하는 것이지요.

회귀 분석을 위해 훈련 데이터와 레이블을 입력으로 사용해 모델을 훈련시키면 '훈련된 모델'을 얻을 수 있습니다(파란색 그림). 훈련된 모델에 1982년도 차량의 실린더, 배기량, 마력, 무게 등의 정보를 입력으로 넣어주면, 이 차의 연비를 예측할 수 있습니다(붉은색 그림).

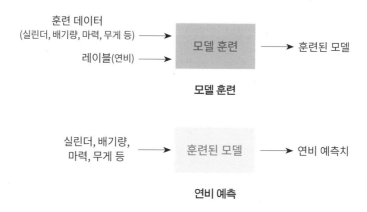

'예측'이란 미리 짐작하는 것을 말합니다. 모델에서 제공하는 연비 예측치는 예측한 정보인 것이지 실제 정보는 아닙니다.

산점도 행렬 모듈 임포트

변수들의 관계를 시각적으로 분석하기 위해 산점도 행렬을 사용해보 겠습니다. 산점도는 다음 그림과 같이 퍼져 있는 점이 찍힌 그래프을 말합 니다. 산점도는 두 개 변수 간의 관계를 통해 데이터 방향성과 강도를 이해 하기 위해 사용되는데요. 데이터의 전반적인 흐름에서 벗어나는 이상 데 이터를 찾아내는 데도 도움이 되지요. 산점도가 행렬의 모습처럼 여러 개

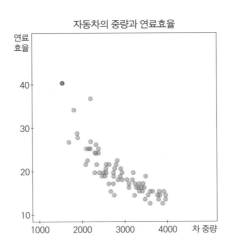

제공되기 때문에 '산점도 행렬'이라고 부릅니다.

그럼, pip 명령어를 이용해 산점도 행렬 모듈을 설치해보겠습니다.

```
pip install -q seaborn
```

그리고, 필요한 모듈을 임포트하겠습니다. 1번 코드의 matplotlib는 그래프를 그려주기 위해 사용하는 모듈이고, pandas는 데이터 조작을 위한 모듈입니다. 3번 코드에서는 방금 전 설치한 산점도 행렬 모듈을 임포트하고 있습니다.

```
1   import matplotlib.pyplot as plt
2   import pandas as pd
3   import seaborn as sns
4
5   import tensorflow as tf
6   from tensorflow import keras
7   from tensorflow.keras import layers
```

10장. 회귀 분석

Auto MPG 데이터 세트 다운로드

모델을 훈련시키기 위해 데이터가 필요합니다. 데이터를 다운받기 위해 아래 링크에 접속하고, 'DOWNLOAD' 버튼을 클릭합니다.

https://archive.ics.uci.edu/dataset/9/auto+mpg

다운로드가 완료되면 컴퓨터의 다운로드 폴더에 auto+mpg.zip 파일이 저장됩니다. 압축을 풀면 다음과 같이 4개의 파일이 구성되어 있습니다.

- auto-mpg.data
- auto-mpg.data-original
- auto-mpg.names
- Index

우리가 사용할 데이터는 auto-mpg.data입니다. 이 파일을 구글 코랩 드라이브에 업로드하겠습니다.

다음 그림과 같이 코랩에서 폴더 모양 아이콘을 클릭하고(1번), 마우스 오른쪽 버튼을 클릭하여 메뉴를 실행합니다. 그리고 '업로드' 메뉴를 클릭합니다(2번).

1. 코랩에서 폴더 클릭.

2. 업로드 클릭.

다운로드 폴더에서 다음과 같이 auto-mpg.data를 선택하고(3번), '열기' 버튼을 클릭하면(4번), 코랩 드라이브에 데이터 파일이 업로드됩니다.

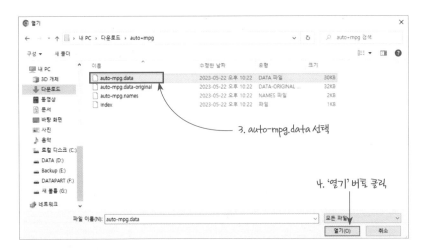

3. auto-mpg.data 선택

4. '열기' 버튼 클릭

◆ (주의사항) 런타임 동안만 업
로드한 파일이 유지되기 때문에
웹 브라우저를 닫으면 파일이
사라집니다.

다음과 같이 데이터 파일의 경로를 dataset_
path 변수에 할당합니다.

8 9	dataset_path = "/content/auto-mpg.data"

판다스(pandas)를 사용하여 다운로드 받은 데이터 세트(auto-mpg.
data)를 읽어보겠습니다. 10번 코드에서 데이터 열의 이름을 정하고 있습
니다. 12번 코드에서 앞에서 다운로드 받은 데이터를 read_csv 메소드를
통해 읽고 있습니다. 16번 코드에서 읽어온 데이터를 dataset에 복사해두
겠습니다.

```
10   column_names = ['MPG', 'Cylinders', 'Displacement', 'Horsepower', 'Weight',
11   'Acceleration', 'Model Year', 'Origin']
12   raw_dataset = pd.read_csv(dataset_path, names=column_names,
13         na_values = "?", comment='\t',
14         sep=" ", skipinitialspace=True)
15
16   dataset = raw_dataset.copy()
```

다운로드 받은 데이터 세트가 어떻게 생겼는지 화면에 출력해볼까요?

```
17   dataset.tail()
```

17번 코드를 실행하면 다음과 같이 데이터 세트의 마지막 부분을 보여
줍니다. 아래 표를 보니 이 데이터 세트에는 MPG(연비), Cylinders(실린
더), Displacement(배기량), Horsepower(마력), Weight(무게) 등의 데이
터를 포함하고 있는 것을 확인할 수 있습니다.

	MPG	Cylinders	Displace-ment	Horse-power	Weight	Accelera-tion	Model Year	Origin
393	27.0	4	140.0	86.0	2790.0	15.6	82	1
394	44.0	4	97.0	52.0	2130.0	24.6	82	2
395	32.0	4	135.0	94.0	2295.0	11.6	82	1
396	28.0	4	120.0	79.0	2625.0	18.6	82	1
397	31.0	4	119.0	82.0	2720.0	19.4	82	1

10장. 회귀 분석

데이터 정제

데이터가 중간에 빠져 있으면 학습이 제대로 안 될 수 있기 때문에 데이터 세트에서 빠진 데이터가 있는지 확인해보겠습니다.

다음 코드와 같이 isna 메소드를 사용하면 항목이 NA인지 확인해줍니다. 여기서 NA는 Not Available의 약자로 데이터가 없다는 의미입니다. 데이터가 NaN, NaT, None이면 isna 메소드가 true를 반환합니다. 또한 sum 메소드를 통해 NA 항목의 개수를 구하고 있습니다.

18	dataset.isna().sum()

누락 데이터

Cylinders	Displace-ment	Horsepow-er	Weight	Accelera-tion	Model Year	Origin
8	307	86.0	2790.0	12	70	1
8	350	None	2130.0	11.5	70	1
8	318	NaT	2295.0	11	70	1
8	304	NaN	2625.0	12	70	1
8	302	86.0	2720.0	10.6	70	1
8	140	86.0	2790.0	15.6	82	1

누락된 데이터

18번 코드를 실행해보니 다음의 결과가 출력됩니다. Horsepower에
서 6이라는 숫자는 6개의 데이터가 빠져 있다는 의미입니다.

```
MPG            0
Cylinders      0
Displacement   0
Horsepower     6
Weight         0
Acceleration   0
Model Year     0
Origin         0
```

누락된 데이터가 많지 않으므로 dropna 메소드를 사용해 관련된 행을
삭제하겠습니다. 만약, 누락된 데이터가 많다면 훈련 데이터로 사용할 만
한 가치가 있는지 고민해야겠지요.

| 19 | dataset = dataset.dropna() |

Cylin-ders	Displace-ment	Horse-power	Weight	Accelera-tion	Model Year	Origin	
8	307	86.0	2790.0	12	70	1	
8	350	None	2130.0	11.5	70	1	누락 데이터가 있는 행 삭제
8	318	NaT	2295.0	11	70	1	
8	304	NaN	2625.0	12	70	1	
8	302	86.0	2720.0	10.6	70	1	
8	140	86.0	2790.0	15.6	82	1	

누락된 데이터 삭제

Origin 열은 1, 2, 3과 같은 형태의 범주형 데이터를 포함하고 있습니
다. 머신러닝 알고리즘이 범주형 데이터를 처리하지 못하므로 다음과 같

245

이 원-핫 인코딩(one-hot encoding)◆으로 바꾸어 보겠습니다.

```
20    origin = dataset.pop('Origin')
21    dataset['USA'] = (origin == 1)*1.0
22    dataset['Europe'] = (origin == 2)*1.0
23    dataset['Japan'] = (origin == 3)*1.0
24
25    dataset.tail()
```

코드를 실행하니 아래와 같이 데이터가 바뀌었군요. origin이 1인 경우 USA 컬럼이 1.0이 되고 나머지 Europe과 Japan 컬럼은 0.0이 되었습니다. origin이 2와 3인 경우에도 하나의 컬럼만 1.0이 되고 나머지는 0.0으로 바뀝니다.

	MPG	Cylinders	Displace-ment	Horse-power	Weight	Acceler-ation	Model Year	USA	Europe	Japan
393	27.0	4	140.0	86.0	2790.0	15.6	82	1.0	0.0	0.0
394	44.0	4	97.0	52.0	2130.0	24.6	82	0.0	1.0	0.0
395	32.0	4	135.0	94.0	2295.0	11.6	82	0.0	0.0	1.0
396	28.0	4	120.0	79.0	2625.0	18.6	82	1.0	0.0	0.0
397	31.0	4	119.0	82.0	2720.0	19.4	82	1.0	0.0	0.0

훈련 데이터와 테스트 데이터 분리하기

다운로드 받은 데이터 세트에서 훈련 데이터와 테스트 데이터를 분리하도록 하겠습니다. 판다스에서 제공하는 sample 메소드는 데이터 세트에서 무작위로 80%의 데이터를 뽑아줍니다(26번 코드). 80% 데이터는 훈련 데이터로 사용하고, 나머지 데이터는 테스트 데이터로 사용할 예정입니다.

```
26    train_dataset = dataset.sample(frac=0.8,random_state=0)
27    test_dataset = dataset.drop(train_dataset.index)
```

데이터를 무작위로 뽑는 이유는 특정 데이터가 한쪽으로 치우쳐 있을 수 있기 때문입니다. 잡곡밥을 할 때 콩이 한쪽으로만 몰릴 수 있기 때문에 잘 섞어주어야 하듯이 데이터를 골고루 뽑기 위해 무작위로 데이터를 뽑아 줍니다.

앞에서 데이터들의 관계를 파악하기 위해 회귀 분석을 한다고 말씀드렸었는데요. 본격적으로 모델을 만들기 전에 데이터들의 관계를 먼저 살퍼보는 것이 중요하기 때문에 원하는 열을 선택해 산점도 행렬을 그려보겠습니다. 아래 코드는 pairplot 메소드를 활용해 MPG, Cylinders, Displacement, Weight 데이터를 뽑아 산점도를 그려주고 있습니다.

```
28   sns.pairplot(train_dataset[["MPG", "Cylinders", "Displacement", "Weight"]],
29   diag_kind="kde")
30   plt.show()
```

코드를 실행하면 다음과 같이 산점도 행렬이 나타납니다. 그래프를 보니 연비(MPG)는 배기량(Displacement), 무게(Weight)와 반비례 관계가 있다는 것을 알 수 있습니다.

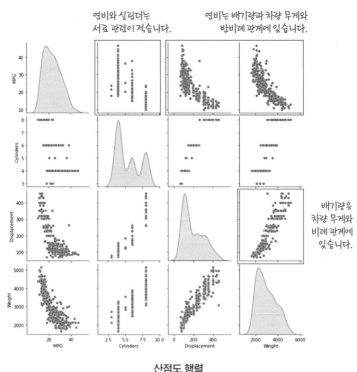

산점도 행렬

그렇다면 데이터에 대한 전반적인 통계도 살펴볼까요? 데이터 세트에서 MPG는 모델이 예측해야 하는 대상이므로, 이를 제외한 후 통계를 구해보겠습니다(32번 코드).

```
31   train_stats = train_dataset.describe()
32   train_stats.pop("MPG")
33
34   train_stats = train_stats.transpose()
35   train_stats
```

우리가 관심을 가져야 할 정보는 mean(평균)과 std(표준편차)인데요. Cylinders의 평균은 5.477707이지만, Weight는 2990.251592로 두 데이터의 척도가 매우 다르다는 것을 알 수 있습니다. 이런 이유 때문에 데이터 정규화가 필요하지요.

	count	mean	std	50%	75%	max
Cylinders	314	5.477707	1.7	4	8	8
Displacement	314	195.318471	104	151	265.75	455
Horsepower	314	104.869427	38	94.5	128	225
Weight	314	2990.251592	844	2822.5	3608	5140
Acceleration	314	15.559236	2.8	15.5	17.2	24.8
Model Year	314	75.898089	3.7	76	79	82
USA	314	0.624204	0.5	1	1	1
Europe	314	0.178344	0.4	0	0	1
Japan	314	0.197452	0.4	0	0	1

데이터 세트 평균 및 표준편차

데이터 정규화를 하기 전에 우선 훈련 데이터와 테스트 데이터에서 레이블을 뽑겠습니다. 레이블은 정규화 대상이 아니기 때문이지요.

```
36    train_labels = train_dataset.pop('MPG')
37    test_labels = test_dataset.pop('MPG')
```

데이터 정규화

'데이터 정규화'란 데이터 범위를 왜곡하지 않고 공통의 척도로 변경하는 것을 말합니다. 아래 그림을 보면 더 이해가 쉬울텐데요. 현재의 Weight, Cylinders, Horse Power의 데이터 크기가 제각각이기 때문에 동일한 척도로 통일시켜주는 것이 바로 데이터 정규화입니다.

정규화를 위해 250쪽의 코드를 추가하였습니다. x값에서 평균값을 빼주고 이것을 표준편차로 나눠주면 데이터가 동일한 척도로 맞춰진답니다.

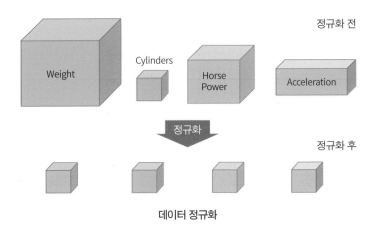

데이터 정규화

```
38    def norm(x):
39      return (x - train_stats['mean']) / train_stats['std']
40
41    normed_train_data = norm(train_dataset)
42    normed_test_data = norm(test_dataset)
```

정규화할 때 중요한 점은 훈련 데이터뿐만 아니라 테스트 데이터도 모두 정규화를 해야 합니다. 그래야 훈련된 모델을 제대로 평가할 수 있을테니까요.

데이터 정규화를 마치면 어떻게 데이터가 변경되는지 다시 한번 살펴보겠습니다. 아래 표를 보니 평균값(mean)과 표준편차(std)의 데이터 범위가 비슷해졌습니다.

	count	mean	std	50%	75%	max
Cylinders	314	1.82E−16	1	−0.86935	1.483887	1.483887
Displacement	314	8.63E−17	1	−0.42479	0.675074	2.489002
Horsepower	314	−9.90E−18	1	−0.27219	0.607162	3.153347
Weight	314	−8.49E−17	1	−0.19878	0.732017	2.547401
Acceleration	314	−5.15E−16	1	−0.02124	0.58825	3.313017
Model Year	314	9.77E−16	1	0.027726	0.84391	1.660094
USA	314	7.92E−17	1	0.774676	0.774676	0.774676
Europe	314	1.98E−17	1	−0.46515	−0.46515	2.143005
Japan	314	5.37E−17	1	−0.49523	−0.49523	2.012852

데이터 정규화 결과

모델 만들기

데이터 정제가 완료되었으니 이제는 모델을 만들 시간입니다. 훈련 데이터는 Cylinders, Displacement, Horsepower, Weight, Acceleration, Model Year, USA, Europe, Japan으로 총 9개 항목입니다. 그렇기 때문에 입력층의 노드는 9개가 되어야 하지요. 46번 코드에서 input_shape=

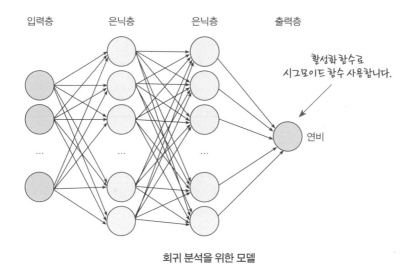

회귀 분석을 위한 모델

[len(train_dataset.keys())]와 같이 작성하면 입력 노드의 개수를
훈련 데이터의 항목 개수(9)만큼 정하라는 의미입니다.

47번 코드 layers.Dense(64, activation = 'relu')에서 은닉
층의 노드 개수는 64개로 정했고, 활성화 함수는 ReLU로 정했습니다. 회귀
분석의 경우 특정 값만 예측하면 되므로 출력층에는 1개의 노드만 사용하
면 됩니다(48번 코드).

```
43   def build_model():
44     model = keras.Sequential([
45       layers.Dense(64, activation='relu',
46       input_shape=[len(train_dataset.keys())]),
47       layers.Dense(64, activation='relu'),
48       layers.Dense(1)
49     ])
50
51     optimizer = tf.keras.optimizers.RMSprop(0.001)
52
53     model.compile(loss='mse',
54       optimizer=optimizer,
55       metrics=['mae', 'mse'])
56
57     return model
```

앞에서 정의한 build_model() 메소드를 호출해 model 변수에 할당하
겠습니다(58번 코드).

```
58   model = build_model()
```

이제 summary 메소드를 사용해 모델이 어떻게 만들어졌는지를 확인
해 볼까요?

아래 출력 결과를 보니 모델의 첫 번째와 두 번째 은닉층은 각각 64개 노드로 구성되어 있습니다. 그리고 출력층의 노드는 1개라는 것을 알 수 있습니다.

```
Model: "sequential"

Layer (type)          Output Shape          Param #
=================================================================
dense (Dense)         (None, 64)            640

dense_1 (Dense)       (None, 64)            4160

dense_2 (Dense)       (None, 1)             65
=================================================================
Total params: 4,865
Trainable params: 4,865
Non-trainable params: 0
```

첫 번째 은닉층의 노드의 파라미터가 640(=64 * 9 + 64)인 이유는 노드가 64개이고, 입력 데이터가 9이며, 노드마다 편향이 있기 때문입니다.

모델 훈련하기

모델을 훈련시켜보겠습니다. 아래 65번 코드에서 'EPOCHS = 1000'은 모델을 1,000번 훈련시키겠다는 의미입니다.

```
60    class PrintDot(keras.callbacks.Callback):
61      def on_epoch_end(self, epoch, logs):
62        if epoch % 100 == 0: print('')
63      print('.', end='')
64
65    EPOCHS = 1000
66
67    history = model.fit(
68      normed_train_data, train_labels,
69      epochs=EPOCHS, validation_split = 0.2, verbose=0,
70      callbacks=[PrintDot()])
```

67번 코드에는 훈련 결과를 history 변수에 담고 있습니다. 나중에 이 변수로 훈련 정확도와 검증 정확도를 확인할 수 있답니다.

코드를 실행해보니 다음과 같은 점이 찍힙니다.

```
.................................................................................................................................
.................................................................................................................................
.................................................................................................................................
.................................................................................................................................
.................................................................................................................................
```

이제 다음과 같이 코드를 작성해 모델의 훈련 과정을 시각화해보겠습니다.

```
71   import matplotlib.pyplot as plt
72
73   def plot_history(history):
74     hist = pd.DataFrame(history.history)
75     hist['epoch'] = history.epoch
76
77     plt.figure(figsize=(8,12))
78
79     plt.subplot(2,1,1)
80     plt.xlabel('Epoch')
81     plt.ylabel('Mean Abs Error [MPG]')
82     plt.plot(hist['epoch'], hist['mae'],
83        label='Train Error')
84     plt.plot(hist['epoch'], hist['val_mae'],
85        label = 'Val Error')
86     plt.ylim([0,5])
87     plt.legend()
88
89     plt.subplot(2,1,2)
90     plt.xlabel('Epoch')
91     plt.ylabel('Mean Square Error [$MPG^2$]')
92     plt.plot(hist['epoch'], hist['mse'],
93        label='Train Error')
94     plt.plot(hist['epoch'], hist['val_mse'],
95        label = 'Val Error')
96     plt.ylim([0,20])
97     plt.legend()
98     plt.show()
99
100  plot_history(history)
```

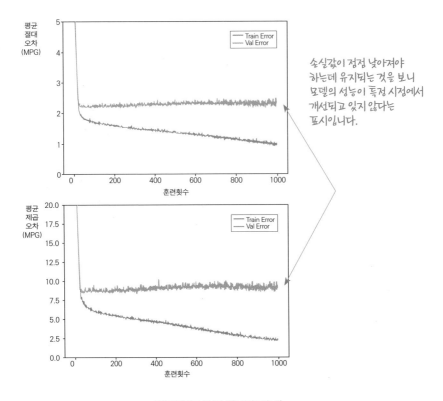

평균
절대
오차
(MPG)

손실값이 정정 낮아져야
하는데 유지되는 것을 보니
모델의 성능이 특정 시점에서
개선되고 있지 않다는
표시입니다.

평균
제곱
오차
(MPG)

평균절대오차 및 평균제곱오차

그래프를 보니 특정 시점에서 모델의 성능이 향상되고 있지 않습니다.

모델의 성능이 향상되지 않으면 훈련을 자동으로 멈추도록 model.fit 메소드에 callbacks 객체를 추가해보겠습니다(104번 코드). callbacks 객체는 모델을 훈련하는 동안 특정 단계에서 원하는 동작을 하게 만드는 객체입니다. 여기서 특정 단계는 배치 실행 후나 에폭의 종료지점이 될 수 있습니다.

104번 코드와 같이 작성하면 손실값(val_loss)을 지켜보고 있다가 성능 개선이 없는 에폭이 10번 반복되면 훈련을 멈춥니다. 즉, (patience=10)은 성능 개선이 없어도 10번의 에폭은 참으라는 의미이죠.

```
101   model = build_model()
102
103   # patience 매개변수는 성능 향상을 체크할 에폭 횟수입니다
104   early_stop = keras.callbacks.EarlyStopping(monitor='val_loss', patience=10)
105
106   history = model.fit(normed_train_data, train_labels, epochs=EPOCHS,
107   validation_split = 0.2, verbose=0, callbacks=[early_stop, PrintDot()])
108   plot_history(history)
109
```

코드를 다시 실행해 평균절대오차와 평균제곱오차를 다시 확인해보겠습니다. Early Stopping이 실행되어 모델 훈련이 훈련횟수(에폭) 50번 즈음에서 멈췄습니다. 아마도 적정한 훈련지점을 찾은 것 같습니다.

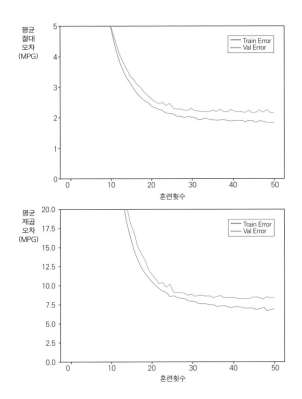

모델 평가하기

모델을 훈련할 때 사용하지 않았던 테스트 데이터를 이용해 모델의 성능을 평가해보겠습니다.

모델을 평가하기 위해 evaluate 메소드를 사용합니다. 테스트 데이터를 모델에 넣어주고, 모델의 결과값과 레이블을 비교해서 손실 함수의 오차를 계산하는데요. 이 오차를 보고 모델의 성능이 좋은지 아닌지를 판단할 수 있습니다.

```
110   loss, mae, mse = model.evaluate(normed_test_data, test_labels, verbose=2)
111   print("테스트 세트의 평균절대오차: {:5.2f} MPG".format(mae))
```

코드를 실행하니 다음과 같이 평균절대오차가 1.84MPG로 나옵니다. 어느 정도를 오차를 허용할 것인지는 상황에 따라 다르기 때문에 이 수치만 가지고는 결론을 내리기 어렵습니다.

```
78/78 - 0s - loss: 5.6330 - mae: 1.8443 - mse: 5.6330
테스트 세트의 평균절대오차: 1.84 MPG
```

하지만, 일반적으로 5% 미만의 오차율을 가진 소프트웨어의 경우 대체로 정확도가 높다고 판단하기 때문에 이런 것을 고려해서 제품의 성능 기준을 결정할 수 있습니다.

예측하기

마지막으로 테스트 데이터에 있는 샘플을 사용해 MPG 값을 예측해보 겠습니다. predict 메소드를 사용했고, 입력 데이터로 normed_test_data 를 입력으로 넣어주었는데요.

```
112   test_predictions = model.predict(normed_test_data).flatten()
```

그런 다음 아래와 같이 코드를 작성해서 예측결과를 레이블 데이터와 비교하는 그래프를 그려보겠습니다.

```
113   plt.scatter(test_labels, test_predictions)
114   plt.xlabel('True Values [MPG]')
115   plt.ylabel('Predictions [MPG]')
116   plt.axis('equal')
117   plt.axis('square')
118   plt.xlim([0,plt.xlim()[1]])
119   plt.ylim([0,plt.ylim()[1]])
120   _ = plt.plot([-100, 100], [-100, 100])
```

아래 그래프를 보니 레이블값이 10일 때 예측값이 11이 나옵니다. 라벨값과 예측값이 유사한 것을 보니 예측값이 어느 정도의 정확성을 가지고 있는 것으로 보입니다.

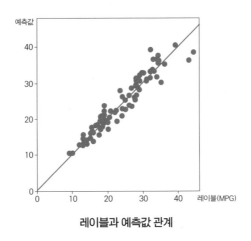

레이블과 예측값 관계

그럼, 레이블값과 예측값의 오차 분포를 살펴보겠습니다. 아래와 같이 코드를 작성하면 오차 분포 그래프가 나타납니다.

```
121  error = test_predictions - test_labels
122  plt.hist(error, bins = 25)
123  plt.xlabel("Prediction Error [MPG]")
124  _ = plt.ylabel("Count")
```

오차가 0 근처에 집중하는 것을 보니 모델이 어느 정도 적절하게 훈련된 것으로 보입니다.

10장. 회귀 분석

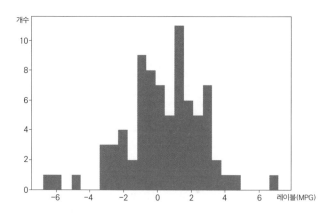

레이블과 예측결과 간 오차 분포

11장

과대적합 완화하기

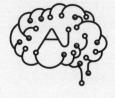

과대적합 확인하기

모델을 너무 많이 훈련하면 과대적합이 발생할 수 있고, 너무 적게 훈련하면 과소적합이 발생할 수 있습니다. 그래서 과대적합과 과소적합 사이에서 적절한 균형을 잡아야 합니다.

과대적합을 막는 가장 좋은 방법은 매우 많은 훈련 데이터를 사용해 모델을 일반화하는 것입니다. 하지만, 데이터를 만드는 일은 비용과 노력이 들기 때문에 충분한 훈련 데이터를 확보하지 못할 때가 많습니다.

충분한 데이터를 준비할 수 없을 때 가중치 규제와 드롭아웃을 사용합니다. 이것은 모델이 저장할 수 있는 정보의 양에 규제를 가하는 방법인데요. 모델이 너무 세세한 부분까지 학습하지 않도록 규제해서 과대적합을 피하도록 하는 방법입니다.

9장에서 살펴본 분류 모델을 이용해 규제화를 적용해보겠습니다. 이 모델은 1개의 은닉층이 있고, 이 층에는 16개의 노드가 있습니다(266쪽 6번 코드).

```
1    vocab_size = 10000
2
3    model = keras.Sequential()
4    model.add(keras.layers.Embedding(vocab_size, 16, input_shape=(None,)))
5    model.add(keras.layers.GlobalAveragePooling1D())
6    model.add(keras.layers.Dense(16, activation='relu'))
7    model.add(keras.layers.Dense(1, activation='sigmoid'))
8
9    model.summary()
```

이 모델을 훈련시킨 후 정확도를 그래프로 그리면 다음의 결과를 얻습니다. 훈련횟수(에폭) 10 근처에서 훈련 데이터와 검증 데이터의 정확도에 갭(gap)이 발생하는 것을 알 수 있지요. 이것은 과대적합이 발생하고 있다는 신호입니다.

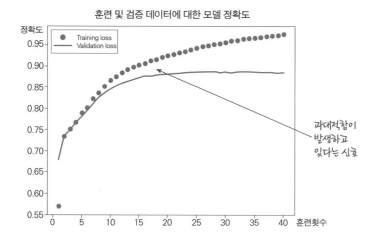

훈련 및 검증 데이터에 대한 모델 정확도

만약, 모델을 복잡하게 만든다면 과대적합 문제는 어떻게 나타날까요? 모델을 조금 더 복잡하게 만들기 위해 은닉층을 2개로 하고, 각 층마다 512개의 노드가 구성되도록 코드를 작성했습니다(6, 7번 코드). 방금 전 모델보다는 확실히 복잡해졌습니다.

```
1    vocab_size = 10000
2
3    model = keras.Sequential()
4    model.add(keras.layers.Embedding(vocab_size, 16, input_shape=(None,)))
5    model.add(keras.layers.GlobalAveragePooling1D())
6    model.add(keras.layers.Dense(512, activation='relu'))
7    model.add(keras.layers.Dense(512, activation='relu'))
8    model.add(keras.layers.Dense(1, activation='sigmoid'))
```

다음은 모델을 훈련한 후 훈련 데이터와 검증 데이터에 대한 정확도입니다. 모델이 복잡해지자 훈련 데이터에 대한 정확도는 1.00까지 올라갑니다. 이것은 모든 훈련 데이터를 아주 정확히 분류할 수 있다는 의미인데요. 하지만, 검증 데이터에 대한 정확도는 5 에폭도 안 되어서 감소합니다. 훈련 데이터 정확도와 검증 데이터 정확도 사이의 갭도 훨씬 더 커지고 있군요.

이렇게 모델이 복잡하면 더 많은 정보를 담을 수 있기 때문에 과대적합이 나오기 쉬워집니다.

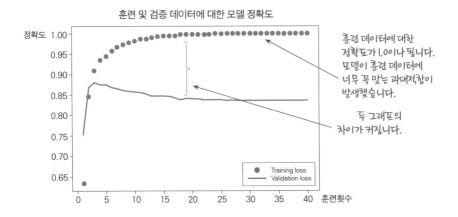

검증 데이터를 이용해 모델을 평가해보니 정확도가 0.8344가 나왔습니다. 이런! 복잡하지 않은 모델(0.8681)보다는 오히려 검증 정확도가 낮아졌습니다.

가중치 규제하기

모델을 훈련시킨다는 것은 비용이 최소가 되어도 가중치값을 결정하는 과정입니다. 여기서 가중치가 무한정 커지지 않도록 가중치에 벌칙을 부과하는 것이 바로 '가중치 규제'입니다.

이제 가중치가 자유롭게 커지지 못하도록 모델에 L2 규제를 사용해보겠습니다(7, 10번 코드).

```
1    vocab_size = 10000
2
3    model = keras.Sequential()
4    model.add(keras.layers.Embedding(vocab_size, 16, input_shape=(None,)))
5    model.add(keras.layers.GlobalAveragePooling1D())
6    model.add(keras.layers.Dense(512,
7        kernel_regularizer=keras.regularizers.l2(0.001),
8        activation='relu'))
9    model.add(keras.layers.Dense(512,
10       kernel_regularizer=keras.regularizers.l2(0.001),
11       activation='relu'))
12   model.add(keras.layers.Dense(1, activation='sigmoid'))
```

모델을 훈련시킨 후 다음과 같이 정확도 그래프를 그려보니 규제를 적용하기 전보다 성능이 개선되었습니다. 검증 데이터에 대한 모델 정확도도 0.8526으로 높아졌습니다.

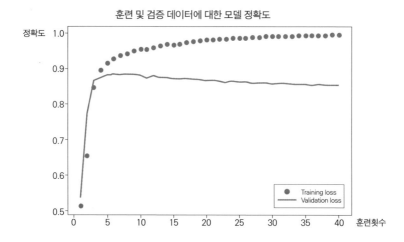

훈련 및 검증 데이터에 대한 모델 정확도

드롭아웃

드롭아웃(dropout)은 신경망에서 널리 사용하는 규제 기법 중 하나로, 은닉층 노드의 일부 출력을 0으로 설정하는 것입니다. 보통 드롭아웃의 파라미터를 0.2에서 0.5로 정하는데요.

여기서는 드롭아웃을 0.5로 설정해보겠습니다(6번, 8번 코드).

```
1   vocab_size = 10000
2
3   model = keras.Sequential()
4   model.add(keras.layers.Embedding(vocab_size, 16, input_shape=(None,)))
5   model.add(keras.layers.GlobalAveragePooling1D())
6   model.add(keras.layers.Dropout(0.5))
7   model.add(keras.layers.Dense(16, activation='relu'))
8   model.add(keras.layers.Dropout(0.5))
9   model.add(keras.layers.Dense(1, activation='sigmoid'))
```

드롭아웃을 추가하니 기존 모델보다 성능이 확실히 향상되었습니다. 272쪽 그래프를 보니 훈련 데이터의 정확도와 검증 데이터의 정확도 간의 갭이 줄어든 것을 알 수 있습니다. 검증 데이터에 대한 모델 정확도도

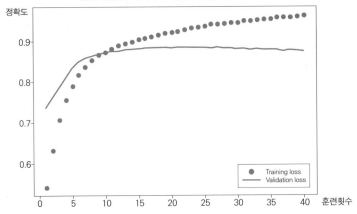

훈련 및 검증 데이터에 대한 모델 정확도

0.8756으로 전보다 높아졌습니다.

이번 장에서는 과대적합을 완화하기 위한 방법을 살펴보았는데요. 과대적합을 완화하기 위해서는 데이터의 양이 많으면 많을수록 좋습니다. 더 많은 데이터를 구할 수 없다면 모델의 크기가 적정한지를 살펴봐야 하지요. 모델이 너무 복잡해도 과대적합이 발생할 수 있거든요. 또 다른 방법은 가중치를 규제하거나 노드를 잘라내는 드롭아웃 방법도 사용할 수 있답니다.

12장

하이퍼파라미터 튜닝

적절한 모델을 선정하기 위해 드롭아웃, 학습률 등과 같은 하이퍼파라미터를 조정해야 합니다. 하이퍼파라미터를 어떻게 정하는지에 따라 모델의 정확도가 달라질 수 있기 때문에 최선의 하이퍼파라미터를 찾는 것은 매우 중요한 일입니다.

하이퍼파라미터를 정하는 과정은 이것저것 변경해보고 결과를 확인해야 하는 손이 많이 가는 작업입니다. 이번 시간은 하이퍼파라미터 튜닝을 위해 사용할 수 있는 텐서보드를 소개합니다.

텐서보드 사용 준비하기

다음과 같이 명령어를 작성해 텐서보드를 한번 실행해보겠습니다.

```
%load_ext tensorboard
```

텐서보드를 실행하면 로그가 기록되는데요. 이전에 작업했던 로그가 있을 수 있으므로 이 로그를 삭제해야 합니다.

```
!rm -rf ./logs/
```

이제 텐서플로우와 텐서보드를 임포트해보겠습니다.

```
1  import tensorflow as tf
2  from tensorboard.plugins.hparams import api as hp
```

앞에서 살펴본 패션 MIST 데이터를 load_data 메소드를 이용해 다운
로드 하고 이것을 255로 나누어 정규화하겠습니다.

```
3    fashion_mnist = tf.keras.datasets.fashion_mnist
4
5    (x_train, y_train),(x_test, y_test) = fashion_mnist.load_data()
6    x_train, x_test = x_train / 255.0, x_test / 255.0
```

코드를 실행하면 다음과 같이 다운로드 과정이 출력된답니다.

```
Downloading data from https://storage.googleapis.com/tensorflow/tf-keras-
datasets/train-labels-idx1-ubyte.gz
32768/29515 [==============================] - 0s 0us/step
Downloading data from https://storage.googleapis.com/tensorflow/tf-keras-
datasets/train-images-idx3-ubyte.gz
26427392/26421880 [==============================] - 0s 0us/step
Downloading data from https://storage.googleapis.com/tensorflow/tf-keras-
datasets/t10k-labels-idx1-ubyte.gz
8192/5148 [==================================] - 0s 0us/step
Downloading data from https://storage.googleapis.com/tensorflow/tf-keras-
datasets/t10k-images-idx3-ubyte.gz
4423680/4422102 [==============================] - 0s 0us/step
```

우리가 튜닝할 하이퍼파라미터는 은닉층의 노드 개수와 드롭아웃, 그리고 옵티마이저의 종류입니다. 다음의 조합으로 하이퍼마라미터를 정하면 어떤 결과가 나오게 될까요?

노드 개수	드롭아웃	옵티마이저
16, 32	0.1~0.2	adam, sgd

파라미터를 정하기 위해 다음과 같이 코드를 작성합니다.

```
7    HP_NUM_UNITS = hp.HParam('num_units', hp.Discrete([16, 32]))
8    HP_DROPOUT = hp.HParam('dropout', hp.RealInterval(0.1, 0.2))
9    HP_OPTIMIZER = hp.HParam('optimizer', hp.Discrete(['adam', 'sgd']))
10   METRIC_ACCURACY = 'accuracy'
```

각각의 파라미터로 모델을 훈련하고 로그 파일◆에 기록으로 남겨야 하기 때문에 다음과 같이 코드

◆ 로그파일은 프로그램의 실행 과정을 기록해놓은 파일을 말합니다.

를 작성하겠습니다. 우리가 관심을 가지는 모델의 성능은 '정확도'이기 때문에 메트릭을 'METRIC_ACCURACY'로 정하고 있습니다.

```
11   with tf.summary.create_file_writer('logs/hparam_tuning').as_default():
12   hp.hparams_config(
13     hparams=[HP_NUM_UNITS, HP_DROPOUT, HP_OPTIMIZER],
14     metrics=[hp.Metric(METRIC_ACCURACY, display_name='Accuracy')],
15   )
```

하이퍼파라미터를 입력으로 받아 모델을 만들어주기 위해 16번 코드와 같이 train_test_model 메소드를 정의했습니다. 그동안 하이퍼파라미터를 코드에 직접 작성해주었지만, 이번에는 HP_NUM_UNITS, DROPOUT, OPTIMIZER 변수를 사용했습니다.

```
16   def train_test_model(hparams):
17   model = tf.keras.models.Sequential([
18     tf.keras.layers.Flatten(),
19     tf.keras.layers.Dense(hparams[HP_NUM_UNITS],
20         activation=tf.nn.relu),
21     tf.keras.layers.Dropout(hparams[HP_DROPOUT]),
22     tf.keras.layers.Dense(10, activation=tf.nn.softmax),
23   ])
24   model.compile(
25     optimizer=hparams[HP_OPTIMIZER],
26     loss='sparse_categorical_crossentropy',
27     metrics=['accuracy'],
28   )
29
```

이 코드를 그림으로 표현하면 다음과 같습니다. 노드 개수, 드롭아웃, 옵티마이저를 입력으로 받아 여러 개의 모델을 만드는 메소드입니다.

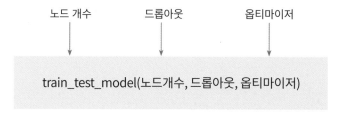

노드 개수   드롭아웃   옵티마이저

train_test_model(노드개수, 드롭아웃, 옵티마이저)

하이퍼파라미터

모델을 훈련시키는 코드는 다음과 같습니다. 에폭을 20으로 정해 학습 횟수를 20번 반복하도록 설정하고(36번 코드), 모델의 평가결과인 정확도가 반환되도록 작성하였습니다(38번 코드).

```
30    log_dir = "logs/fit/" + str(hparams[HP_NUM_UNITS])+ "," +
31        str(hparams[HP_DROPOUT]) + "," +
32        str(hparams[HP_OPTIMIZER])
33
34    tensorboard_callback =
35        tf.keras.callbacks.TensorBoard(log_dir=log_dir, histogram_freq=1)
36    model.fit(x_train, y_train, epochs=20, callbacks=[tensorboard_callback])
37    _, accuracy = model.evaluate(x_test, y_test)
38    return accuracy
```

다음으로 하이퍼파라미터와 정확도가 로그에 기록되도록 39번 코드에 run 메소드를 정의하였습니다. 이 로그를 이용해 텐서보드에서 여러 가지 그래프를 그려볼 수 있습니다.

```
39    def run(run_dir, hparams):
40      with tf.summary.create_file_writer(run_dir).as_default():
41        hp.hparams(hparams)
42        accuracy = train_test_model(hparams)
43        tf.summary.scalar(METRIC_ACCURACY, accuracy, step=1)
```

12장. 하이퍼파라미터 튜닝

그럼 다음과 같이 작성해 여러 가지 파라미터를 넣어보고 모델을 훈련
해볼까요?

```
44    session_num = 0
45
46    for num_units in HP_NUM_UNITS.domain.values:
47     for dropout_rate in (HP_DROPOUT.domain.min_value,
48        HP_DROPOUT.domain.max_value):
49      for optimizer in HP_OPTIMIZER.domain.values:
50       hparams = {
51         HP_NUM_UNITS: num_units,
52         HP_DROPOUT: dropout_rate,
53         HP_OPTIMIZER: optimizer,
54       }
55       run_name = "run-%d" % session_num
56       print('--- Starting trial: %s' % run_name)
57       print({h.name: hparams[h] for h in hparams})
58       run('logs/hparam_tuning/' + run_name, hparams)
59       session_num += 1
```

실행결과는 노란색 박스와 같습니다. 파라미터마다 정확도가 다른 것
을 볼 수가 있는데요. 하이퍼파라미터가 num_units 16, dropout 0.1, op-
timizer adam으로 지정된 경우는 정확도가 0.7564이지만, num_units 16,
dropout 0.1, optimizer sgd는 정확도가 0.6769입니다. 확실히 sgd보다
는 adam의 정확도가 높다는 사실을 알 수 있습니다.

```
--- Starting trial: run-0
{'num_units': 16, 'dropout': 0.1, 'optimizer': 'adam'}
60000/60000 [==============================] - 4s 62us/sample - loss: 0.6872
- accuracy: 0.7564
10000/10000 [==============================] - 0s 35us/sample - loss: 0.4806
- accuracy: 0.8321
--- Starting trial: run-1
{'num_units': 16, 'dropout': 0.1, 'optimizer': 'sgd'}
60000/60000 [==============================] - 3s 54us/sample - loss: 0.9428
- accuracy: 0.6769
10000/10000 [==============================] - 0s 36us/sample - loss: 0.6519
- accuracy: 0.7770
--- Starting trial: run-2
{'num_units': 16, 'dropout': 0.2, 'optimizer': 'adam'}
60000/60000 [==============================] - 4s 60us/sample - loss: 0.8158
- accuracy: 0.7078
10000/10000 [==============================] - 0s 36us/sample - loss: 0.5309
- accuracy: 0.8154
--- Starting trial: run-3
{'num_units': 16, 'dropout': 0.2, 'optimizer': 'sgd'}
60000/60000 [==============================] - 3s 50us/sample - loss: 1.1465
- accuracy: 0.6019
10000/10000 [==============================] - 0s 36us/sample - loss: 0.7007
- accuracy: 0.7683
--- Starting trial: run-4
{'num_units': 32, 'dropout': 0.1, 'optimizer': 'adam'}
60000/60000 [==============================] - 4s 65us/sample - loss: 0.6178
- accuracy: 0.7849
10000/10000 [==============================] - 0s 38us/sample - loss: 0.4645
- accuracy: 0.8395
--- Starting trial: run-5
{'num_units': 32, 'dropout': 0.1, 'optimizer': 'sgd'}
60000/60000 [==============================] - 3s 55us/sample - loss: 0.8989
- accuracy: 0.6896
10000/10000 [==============================] - 0s 37us/sample - loss: 0.6335
- accuracy: 0.7853
--- Starting trial: run-6
{'num_units': 32, 'dropout': 0.2, 'optimizer': 'adam'}
60000/60000 [==============================] - 4s 64us/sample - loss: 0.6404
- accuracy: 0.7782
```

```
10000/10000 [==============================] - 0s 37us/sample - loss: 0.4802
- accuracy: 0.8265
--- Starting trial: run-7
{'num_units': 32, 'dropout': 0.2, 'optimizer': 'sgd'}
60000/60000 [==============================] - 3s 54us/sample - loss: 0.9633
- accuracy: 0.6703
10000/10000 [==============================] - 0s 36us/sample - loss: 0.6516
- accuracy: 0.7755
```

◆ 에폭을 1번만 실행하여 모델의 정확도가 낮은 편입니다.

위 실행과정을 그림으로 정리하면 다음과 같습니다. train_test_model 메소드를 정의해서 하이퍼파라미터를 입력으로 넣어주었더니 8개의 모델이 만들어졌고, 각각의 모델 정확도가 계산되었습니다. 그럼, 어떤 모델이 좋을까요? 그림과 같이 모델의 정확도를 비교해보니 모델5의 성능이 가장 좋다는 것을 알수 있습니다.

첫 번째 훈련

모델1 정확도: 0.7564	모델2 정확도: 0.6769
노드 개수 16개 드롭아웃 0.1 옵티마이저 adam	노드 개수 16개 드롭아웃 0.1 옵티마이저 sgd
모델3 정확도: 0.7078	모델4 정확도: 0.6019
노드 개수 16개 드롭아웃 0.2 옵티마이저 adam	노드 개수 16개 드롭아웃 0.2 옵티마이저 sgd
모델5 정확도: 0.7849	모델6 정확도: 0.6896
노드 개수 32개 드롭아웃 0.1 옵티마이저 adam	노드 개수 32개 드롭아웃 0.1 옵티마이저 sgd
모델5 정확도: 0.7782	모델6 정확도: 0.6703
노드 개수 32개 드롭아웃 0.2 옵티마이저 adam	노드 개수 32개 드롭아웃 0.2 옵티마이저 sgd

13장

CNN을 사용한
이미지 분류

이번 시간에는 합성곱 신경망(CNN)을 이용해서 강아지와 고양이를 분류하는 방법을 소개하려고 합니다. Sequential 모델을 사용해 이미지 분류기를 만들고, ImageDataGenerator를 통해 데이터를 로딩해보겠습니다.

필수 모듈 임포트하기

이미지 분류를 위해 필요한 필수 패키지를 임포트해보겠습니다. 우선 아래와 같이 텐서플로우, 케라스는 기본적으로 임포트해야 합니다.

```
1    import tensorflow as tf
2    from tensorflow.keras.models import Sequential
3    from tensorflow.keras.layers import Dense, Conv2D, Flatten, Dropout,
4        MaxPooling2D
5    from tensorflow.keras.preprocessing.image import ImageDataGenerator
```

6번 코드에서 os는 컴퓨터에 있는 파일을 읽기 위해 사용하고, 7번 코드의 matplotlib.pyplot은 그래프를 그려주고 이미지를 보여주는 데 사용할 예정입니다.

```
6    import os
7    import matplotlib.pyplot as plt
```

데이터 로딩하기

이번에 사용하게 될 훈련 데이터는 캐글의 '강아지 vs 고양이'라는 데이터로, 아래와 같이 코드를 작성하면 알아서 압축된 파일이 다운로드됩니다.

```
8   _URL = 'https://storage.googleapis.com/mledu-datasets/cats_and_dogs_filtered.zip'
9   path_to_zip = tf.keras.utils.get_file('cats_and_dogs.zip', origin=_URL, extract=True)
10  PATH = os.path.join(os.path.dirname(path_to_zip), 'cats_and_dogs_filtered')
```

데이터 세트가 다운로드 되면 다음과 같이 cats_and_dogs 폴더에 train 폴더와 validation 폴더가 생깁니다. 여기서 train 폴더에는 훈련 데이터가 들어있고, validation 폴더에는 검증 데이터가 들어 있습니다. cats 폴더에는 고양이 사진이 있고, dogs 폴더에는 강아지 사진이 들어가 있습니다.

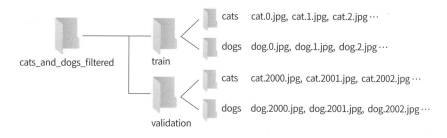

		cats	cat.0.jpg, cat.1.jpg, cat.2.jpg…

데이터 세트 디렉토리 구조

다음 코드와 같이 train 폴더를 train_dir 변수에, validation 폴더를 validation_dir 변수에 할당하겠습니다.

```
11  train_dir = os.path.join(PATH, 'train')
12  validation_dir = os.path.join(PATH, 'validation')
```

훈련 데이터와 검증 데이터를 위한 cats, dogs 폴더도 다음과 같이 변수에 할당하겠습니다.

```
13  train_cats_dir = os.path.join(train_dir, 'cats')
14  train_dogs_dir = os.path.join(train_dir, 'dogs')
15
16  validation_cats_dir = os.path.join(validation_dir, 'cats')
17  validation_dogs_dir = os.path.join(validation_dir, 'dogs')
```

13장. CNN을 사용한 이미지 분류

데이터 세트에 몇 개의 데이터가 들어 있는지 확인해보겠습니다. 아래 코드를 실행하면 강아지와 고양이 폴더에 있는 파일의 개수를 알려줍니다.

```
18   num_cats_tr = len(os.listdir(train_cats_dir))
19   num_dogs_tr = len(os.listdir(train_dogs_dir))
20
21   num_cats_val = len(os.listdir(validation_cats_dir))
22   num_dogs_val = len(os.listdir(validation_dogs_dir))
```

아래 코드는 훈련 데이터와 검증 데이터의 총 개수를 알기 위해 강아지와 고양이 파일의 개수를 더하고 있습니다.

```
23   total_train = num_cats_tr + num_dogs_tr
24   total_val = num_cats_val + num_dogs_val
```

그럼 변수에 어떤 값이 들어 있는지 한번 출력해볼까요? 다음과 같이 print 메소드를 사용하면 변수의 값을 확인할 수 있습니다.

```
25    print('total training cat images:', num_cats_tr)
26    print('total training dog images:', num_dogs_tr)
27
28    print('total validation cat images:', num_cats_val)
29    print('total validation dog images:', num_dogs_val)
30    print("--")
31    print("Total training images:", total_train)
32    print("Total validation images:", total_val)
```

위 코드를 실행하니 다음과 같은 결과를 얻었습니다. 고양이와 강아지의 훈련 이미지 데이터는 각각 1,000개이고, 검증 이미지 데이터는 각각 500개라는 것을 알 수 있습니다.

```
total training cat images: 1000
total training dog images: 1000
total validation cat images: 500
total validation dog images: 500
--
Total training images: 2000
Total validation images: 1000
```

학습 및 검증 데이터 세트

다음은 배치 사이즈, 에폭, 이미지 크기 등을 정하고 있습니다. 배치의 크기(batch_size)가 128인 것을 보니 이미지 데이터를 128개씩 훈련시키겠다는 의미이고, 에폭(epoch)이 15로 설정되어 있으므로 훈련을 15번 반복하겠다는 뜻입니다.

```
33    batch_size = 128
34    epochs = 15
35
36    IMG_HEIGHT = 150
37    IMG_WIDTH = 150
```

데이터 준비하기

인공신경망에 이미지 데이터를 입력으로 넣어주기 위해서는 데이터를 불러와 가공해야 하는데요. 케라스에서 제공하는 ImageDataGenerator를 통해 이 작업을 수행할 수 있습니다. 이미지 픽셀은 0~255의 값을 가지므로 이 범위를 0~1로 조정하기 위해 rescale을 1/255로 설정했습니다.

```
38   train_image_generator = ImageDataGenerator(rescale=1./255)
39   validation_image_generator = ImageDataGenerator(rescale=1./255)
```

다음은 훈련 데이터를 가공하는 코드입니다. ImageDataGenerator를 이용해 이미지를 배치크기만큼 나눠주고, 훈련 데이터가 골고루 섞이도록 shuffle 파라미터를 True로 정해주었습니다.

```
40   train_data_gen =
41   train_image_generator.flow_from_directory(batch_size=batch_size,
42        directory=train_dir,
43        shuffle=True,
44        target_size=(IMG_HEIGHT, IMG_WIDTH),
45        class_mode='binary')
```

13장. CNN을 사용한 이미지 분류

```
Found 2000 images belonging to 2 classes.
```

다음은 검증 데이터와 관련된 코드입니다. 훈련 데이터와 다르게 데이터를 섞어주지 않았습니다.

```
46    val_data_gen =
47    validation_image_generator.flow_from_directory(batch_size=batch_size,
48          directory=validation_dir,
49          target_size=(IMG_HEIGHT, IMG_WIDTH),
50          class_mode='binary')
```

```
Found 1000 images belonging to 2 classes
```

슬슬 어떤 데이터가 들어 있는지 궁금해집니다. 다음과 같이 코드를 작성해 train_data_gen에서 데이터를 뽑아옵니다. 'sample_training_images, _'에서 '_'는 레이블을 버리라는 의미입니다.

```
51    sample_training_images, _ = next(train_data_gen)
```

이제 이미지를 출력해주는 함수를 정의해보겠습니다. 다음 코드에서 1행 5열로 이미지가 표시되도록 설정하였고, 이미지의 크기는 (20, 20)으로 정했습니다.

```
52   def plotImages(images_arr):
53     fig, axes = plt.subplots(1, 5, figsize=(20,20))
54     axes = axes.flatten()
55     for img, ax in zip( images_arr, axes):
56       ax.imshow(img)
57       ax.axis('off')
58     plt.tight_layout()
59     plt.show()
```

앞에서 정의한 plotImages 메소드를 호출해 5개의 이미지를 출력해
보겠습니다. 다음 코드가 바로 이미지를 출력하는 코드입니다.

```
60   plotImages(sample_training_images[:5])
```

훈련 이미지가 강아지와 고양이 사진이군요. 사진의 주인공들은 정면
을 보지 않고 자유로운 자세를 취하고 있습니다. 과연 모델을 훈련시키면
고양이와 강아지를 구분할 수 있을까요?

모델 만들기

이 모델은 3개의 합성곱층과 풀링층으로 구성되어 있습니다. 데이터는 합성곱층, 풀링층, 합성곱층, 풀링층, 합성곱층, 풀링층을 거쳐 데이터를 일렬로 쫙 펼쳐주는 평탄화 작업을 거치게 됩니다. 그런 다음에 은닉층의 512개 노드로 완전 연결 되고 최종적으로 출력노드에 데이터가 전달됩니다.

합성곱 신경망

65번 코드에서 Conv2D(32, 3, padding='same', activation='relu')는 2차원 합성곱층을 만들기 위한 메소드입니다. 이 층은 입력 데이터를 받아 합성곱 연산을 수행한 다음에 출력을 내보냅니다. 출력 필터의 수를

```
61  model = Sequential([
62    Conv2D(16, 3, padding='same', activation='relu',
63    input_shape=(IMG_HEIGHT, IMG_WIDTH ,3)),
64    MaxPooling2D(),
65    Conv2D(32, 3, padding='same', activation='relu'),
66    MaxPooling2D(),
67    Conv2D(64, 3, padding='same', activation='relu'),
68    MaxPooling2D(),
69    Flatten(),
70    Dense(512, activation='relu'),
71    Dense(1, activation='sigmoid')
72  ])
```

32개로 정했고, 필터의 크기는 3으로 정했습니다. 3이라고 지정하면 필터의 너비와 높이가 각각 3이라는 의미이지요. padding은 출력의 크기가 입력의 크기와 동일하도록 값을 채우라는 의미입니다.

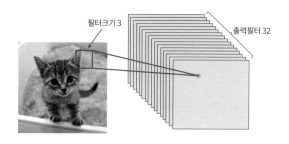

필터크기와 출력필터

다음 코드에서는 모델의 옵티마이저, 손실 함수 등을 정하고 있습니다. 옵티마이저로 adam을 사용했고 손실 함수는 바이너리 크로스 엔트로피를 사용했습니다. 마지막으로 모델의 성능을 확인하기 위해 메트릭을 'accuracy'로 정했습니다.

13장. CNN을 사용한 이미지 분류

```
73   model.compile(optimizer='adam',
74   loss=tf.keras.losses.BinaryCrossentropy(from_logits=True),
75                   metrics=['accuracy'])
```

Summary 메소드를 실행해 모델이 어떻게 만들졌는지 한번 확인해보
겠습니다.

```
76   model.summary()
```

```
Model: "sequential"

Layer (type)                 Output Shape              Param #
=================================================================
conv2d (Conv2D)              (None, 150, 150, 16)      448

max_pooling2d (MaxPooling2D) (None, 75, 75, 16)        0

conv2d_1 (Conv2D)            (None, 75, 75, 32)        4640

max_pooling2d_1 (MaxPooling2 (None, 37, 37, 32)        0

conv2d_2 (Conv2D)            (None, 37, 37, 64)        18496

max_pooling2d_2 (MaxPooling2 (None, 18, 18, 64)        0

flatten (Flatten)            (None, 20736)             0

dense (Dense)                (None, 512)               10617344

dense_1 (Dense)              (None, 1)                 513
=================================================================
Total params: 10,641,441
Trainable params: 10,641,441
Non-trainable params: 0
```

앞에서 에폭을 15로 정했기 때문에 훈련이 15번 반복됩니다. 79번 코드에서 steps_per_epoch은 총 훈련 데이터의 수(2000)를 설정하고 있고, 82번 코드의 valiation_steps는 총 검증 데이터의 수(1000)를 설정하고 있습니다.

```
77   history = model.fit(
78      train_data_gen,
79      steps_per_epoch=total_train,
80      epochs=epochs,
81      validation_data=val_data_gen,
82      validation_steps=total_val
83   )
```

다음은 모델이 훈련되는 동안 훈련 데이터와 검증 데이터의 손실값과 정확도를 보여주고 있습니다. 훈련 초기에는 정확도가 0.5016밖에 되지 않았지만 15번의 반복 훈련 후에는 0.9348로 정확도가 매우 높아졌습니다.

```
Please use Model.fit, which supports generators.
Epoch 1/15
15/15 [==============================] - 9s 572ms/step - loss: 0.7998 - accu-
racy: 0.5016 - val_loss: 0.6892 - val_accuracy: 0.5033
Epoch 2/15
15/15 [==============================] - 8s 561ms/step - loss: 0.6921 - accu-
racy: 0.5011 - val_loss: 0.6877 - val_accuracy: 0.4955
Epoch 3/15
15/15 [==============================] - 8s 554ms/step - loss: 0.6824 - accu-
racy: 0.5027 - val_loss: 0.6588 - val_accuracy: 0.5312
Epoch 4/15
15/15 [==============================] - 8s 549ms/step - loss: 0.6738 - accu-
racy: 0.5524 - val_loss: 0.6793 - val_accuracy: 0.5000
Epoch 5/15
15/15 [==============================] - 8s 558ms/step - loss: 0.6345 - accu-
racy: 0.5956 - val_loss: 0.6154 - val_accuracy: 0.6674
Epoch 6/15
15/15 [==============================] - 8s 560ms/step - loss: 0.5911 - accu-
racy: 0.6736 - val_loss: 0.5817 - val_accuracy: 0.6931
Epoch 7/15
15/15 [==============================] - 8s 555ms/step - loss: 0.5547 - accu-
racy: 0.7051 - val_loss: 0.5667 - val_accuracy: 0.7020
Epoch 8/15
15/15 [==============================] - 8s 546ms/step - loss: 0.5051 - accu-
racy: 0.7388 - val_loss: 0.5765 - val_accuracy: 0.6830
Epoch 9/15
15/15 [==============================] - 8s 563ms/step - loss: 0.4527 - accu-
racy: 0.7719 - val_loss: 0.5885 - val_accuracy: 0.7355
Epoch 10/15
15/15 [==============================] - 8s 551ms/step - loss: 0.4184 - accu-
racy: 0.7933 - val_loss: 0.5509 - val_accuracy: 0.7165
Epoch 11/15
15/15 [==============================] - 8s 556ms/step - loss: 0.4316 - accu-
racy: 0.7815 - val_loss: 0.5913 - val_accuracy: 0.7299
Epoch 12/15
15/15 [==============================] - 8s 563ms/step - loss: 0.3366 - accu-
racy: 0.8574 - val_loss: 0.5708 - val_accuracy: 0.7243
Epoch 13/15
15/15 [==============================] - 8s 563ms/step - loss: 0.2652 - accu-
racy: 0.8755 - val_loss: 0.5840 - val_accuracy: 0.7467
```

```
Epoch 14/15
15/15 [==============================] - 8s 562ms/step - loss: 0.2115 - accu-
racy: 0.9167 - val_loss: 0.6619 - val_accuracy: 0.7511
Epoch 15/15
15/15 [==============================] - 8s 552ms/step - loss: 0.1678 - accu-
racy: 0.9348 - val_loss: 0.6743 - val_accuracy: 0.7567
```

다음 코드를 실행해 훈련 결과를 그래프로 시각화해보겠습니다.

```
84   acc = history.history['accuracy']
85   val_acc = history.history['val_accuracy']
86
87   loss=history.history['loss']
88   val_loss=history.history['val_loss']
89
90   epochs_range = range(epochs)
91
92   plt.figure(figsize=(8, 8))
93   plt.subplot(1, 2, 1)
94   plt.plot(epochs_range, acc, label='Training Accuracy')
95   plt.plot(epochs_range, val_acc, label='Validation Accuracy')
96   plt.legend(loc='lower right')
97   plt.title('Training and Validation Accuracy')
98
99   plt.subplot(1, 2, 2)
100  plt.plot(epochs_range, loss, label='Training Loss')
101  plt.plot(epochs_range, val_loss, label='Validation Loss')
102  plt.legend(loc='upper right')
103  plt.title('Training and Validation Loss')
104  plt.show()
```

다음 그림에서 파란색 선은 훈련 데이터의 정확도와 손실값을 보여주고, 주황색 선은 검증 데이터의 정확도와 손실값을 보여줍니다. 파란색 선과 주황색 선의 갭이 에폭이 증가할수록 커지는 것을 보니 과대적합의 문제가 있다는 신호입니다.

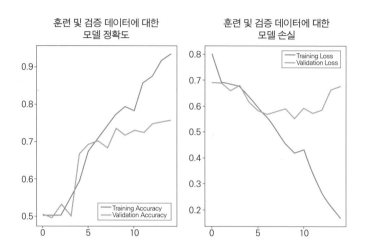

훈련 데이터가 많지 않다보니, 노이즈나 원하지 않는 상세한 부분까지도 학습하는 경우가 있습니다. 이렇게 되면 모델이 일반화되지 못하는 문제가 발생하는데요. 과대적합을 해결하기 위해 이번에는 데이터 보강과 드롭아웃을 적용해보겠습니다.

데이터 보강하기

훈련 데이터를 충분히 만들기 위해 이미지 데이터를 무작위로 변형해서 데이터를 보강하는 작업을 해보겠습니다.

데이터를 보강해주는 작업은 ImageDataGenerator를 통해 할 수 있는데요. 'horizontal_flip=True'라고 설정해 데이터를 좌우로 뒤집어 변형해 보겠습니다.

```
105    image_gen = ImageDataGenerator(rescale=1./255, horizontal_flip=True)
106
107    train_data_gen = image_gen.flow_from_directory(batch_size=batch_size,
108            directory=train_dir,
109            shuffle=True,
110            target_size=(IMG_HEIGHT, IMG_WIDTH))
```

train_data_gen[0][0][0] 이미지를 확인해보겠습니다.

```
111    augmented_images = [train_data_gen[0][0][0] for i in range(5)]
```

다음 코드를 통해 보강된 이미지를 함께 살펴볼까요? 아래 사진을 보니 강아지 이미지가 좌우로 뒤집혀 여러 개가 추가되었네요.

112	plotImages(augmented_images)

좌우로 뒤집힌 보강 이미지

이번에는 이미지를 45도씩 회전해볼까요? ImageDataGenerator의 매개변수 rotation_range를 45로 설정하면 아래 그림과 같이 고양이 사진이 회전된답니다.

```
113  image_gen = ImageDataGenerator(rescale=1./255, rotation_range=45)
114  train_data_gen = image_gen.flow_from_directory(batch_size=batch_size,
115          directory=train_dir,
116          shuffle=True,
117          target_size=(IMG_HEIGHT, IMG_WIDTH))
118
119  augmented_images = [train_data_gen[0][0][0] for i in range(5)]
120  plotImages(augmented_images)
```

45도씩 회전한 보강 이미지

이번에는 사진의 크기를 바꿔볼까요? zoom_range를 0.5로 정하면 무작위로 사진이 0.5배만큼 커졌다 작아졌다 합니다.

```
121    image_gen = ImageDataGenerator(rescale=1./255, zoom_range=0.5)
122    train_data_gen = image_gen.flow_from_directory(batch_size=batch_size,
123        directory=train_dir,
124        shuffle=True,
125        target_size=(IMG_HEIGHT, IMG_WIDTH))
126
127    augmented_images = [train_data_gen[0][0][0] for i in range(5)]
```

마지막으로 좌우 뒤집기, 회전하기, 크기 변경하기, 이미지 좌우 이동, 상하 이동을 한꺼번에 해보겠습니다.

```
128    image_gen_train = ImageDataGenerator(
129        rescale=1./255,
130        rotation_range=45,
131        width_shift_range=.15,
132        height_shift_range=.15,
133        horizontal_flip=True,
134        zoom_range=0.5
135        )
136
137    train_data_gen =
138        image_gen_train.flow_from_directory(batch_size=batch_size,
139        directory=train_dir, shuffle=True,
140        target_size=(IMG_HEIGHT, IMG_WIDTH),
141        class_mode='binary')
```

그림 하나를 골라 어떻게 변형되는지 한번 볼까요? 아래 그림을 보니 이미지가 다양한 형태로 바뀐 것을 알 수 있습니다.

```
142   augmented_images = [train_data_gen[0][0][0] for i in range(5)]
143   plotImages(augmented_images)
```

이제 훈련 이미지에 대한 데이터 보강 작업이 끝났습니다. 검증 이미지 데이터에 대한 보강은 안 해도 되니 다음과 같이 ImageDataGenerator를 이용해 이미지 데이터의 스케일만 변경하겠습니다.

```
144   image_gen_val = ImageDataGenerator(rescale=1./255)
145   val_data_gen = image_gen_val.flow_from_directory(batch_size=batch_size,
146       directory=validation_dir,
147       target_size=(IMG_HEIGHT, IMG_WIDTH),
148       class_mode='binary')
```

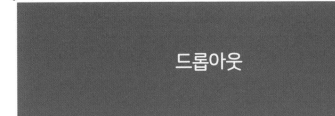

드롭아웃

모델의 용량이 큰 경우에도 과대적합이 나올 수 있기 때문에 이번에는 은닉층의 일부 노드를 잘라내는 드롭아웃을 적용해 모델을 만들어보겠습니다.

드롭아웃은 0.1, 0.2, 0.4와 같이 지정할 수 있는데요. 이것은 10%, 20%, 40%의 비율로 노드를 잘라내라는 의미입니다. 예를 들어, 드롭아웃을 0.1로 지정하면 노드의 10%를 무작위로 드롭아웃해버립니다.

이제 드롭아웃을 지정해보겠습니다. MaxPooling2D 메소드 앞뒤에 드롭아웃을 0.2로 설정했습니다. 이렇게 하면 노드의 20%가 드롭아웃되어 해당 출력값 0으로 설정됩니다.

```
149   model_new = Sequential([
150     Conv2D(16, 3, padding='same', activation='relu',
151        input_shape=(IMG_HEIGHT, IMG_WIDTH ,3)),
152     MaxPooling2D(),
153     Dropout(0.2),
154     Conv2D(32, 3, padding='same', activation='relu'),
155     MaxPooling2D(),
```

```
156    Conv2D(64, 3, padding='same', activation='relu'),
157    MaxPooling2D(),
158    Dropout(0.2),
159    Flatten(),
160    Dense(512, activation='relu'),
161    Dense(1)
162    ])
```

모델을 만들었으니 이제 컴파일을 해보겠습니다. 이전과 동일하게 옵티마이저는 adam을 사용하였고, 손실 함수는 BinaryCrossentropy를 사용했습니다. 마지막으로 메트릭은 accuracy로 정했습니다.

```
163    model_new.compile(optimizer='adam',
164        loss=tf.keras.losses.BinaryCrossentropy(from_logits=True),
165        metrics=['accuracy'])
166
167    model_new.summary()
168
```

모델 훈련하기

이번에는 에폭을 100으로 설정한 후 모델을 훈련시켜보겠습니다.

```
169   epochs = 100
170
171   history = model_new.fit(
172     train_data_gen,
173     steps_per_epoch=total_train
174     epochs=epochs,
175     validation_data=val_data_gen,
176     validation_steps=total_val
177   )
```

모델 훈련은 오랜 시간이 걸리는 작업인데요. 다음과 같이 한 에폭마다 중간 결과를 출력해주기 때문에 훈련 진행 상태를 알 수 있습니다.

```
Epoch 1/100
15/15 [==============================] - 16s 1s/step - loss: 0.9176 - accu-
racy: 0.4995 - val_loss: 0.6906 - val_accuracy: 0.5056
```

```
Epoch 2/100
15/15 [==============================] - 16s 1s/step - loss: 0.6936 - accu-
racy: 0.4995 - val_loss: 0.6924 - val_accuracy: 0.4955
Epoch 3/100
15/15 [==============================] - 16s 1s/step - loss: 0.6914 - accu-
racy: 0.4968 - val_loss: 0.6786 - val_accuracy: 0.5089

(중략)

Epoch 94/100
15/15 [==============================] - 16s 1s/step - loss: 0.4813 - accu-
racy: 0.7505 - val_loss: 0.5151 - val_accuracy: 0.7121
Epoch 95/100
15/15 [==============================] - 16s 1s/step - loss: 0.4554 - accu-
racy: 0.7781 - val_loss: 0.5173 - val_accuracy: 0.7623
Epoch 96/100
15/15 [==============================] - 16s 1s/step - loss: 0.4694 - accu-
racy: 0.7682 - val_loss: 0.5374 - val_accuracy: 0.7344
Epoch 97/100
15/15 [==============================] - 16s 1s/step - loss: 0.4796 - accu-
racy: 0.7548 - val_loss: 0.5092 - val_accuracy: 0.7444
Epoch 98/100
15/15 [==============================] - 16s 1s/step - loss: 0.4594 - accu-
racy: 0.7745 - val_loss: 0.5382 - val_accuracy: 0.7400
Epoch 99/100
15/15 [==============================] - 16s 1s/step - loss: 0.4692 - accu-
racy: 0.7596 - val_loss: 0.4911 - val_accuracy: 0.7388
Epoch 100/100
15/15 [==============================] - 16s 1s/step - loss: 0.4527 - accu-
racy: 0.7804 - val_loss: 0.4995 - val_accuracy: 0.7478
```

이제 훈련결과를 그래프로 시각화해보겠습니다. 과대적합이 얼마나 해결되었는지 관심있게 보겠습니다.

```
178    acc = history.history['accuracy']
179    val_acc = history.history['val_accuracy']
180
```

```
181    loss = history.history['loss']
182    val_loss = history.history['val_loss']
183
184    epochs_range = range(epochs)
185
186    plt.figure(figsize=(8, 8))
187    plt.subplot(1, 2, 1)
188    plt.plot(epochs_range, acc, label='Training Accuracy')
189    plt.plot(epochs_range, val_acc, label='Validation Accuracy')
190    plt.legend(loc='lower right')
191    plt.title('Training and Validation Accuracy')
192
193    plt.subplot(1, 2, 2)
194    plt.plot(epochs_range, loss, label='Training Loss')
195    plt.plot(epochs_range, val_loss, label='Validation Loss')
196    plt.legend(loc='upper right')
197    plt.title('Training and Validation Loss')
198    plt.show()
199
```

코드를 실행하니 다음과 같은 결과를 얻었습니다. 훈련 데이터와 검증 데이터의 정확도 그래프가 비슷하게 올라가는 것을 보니 과대적합 문제가 어느 정도 해결된 것 같습니다.

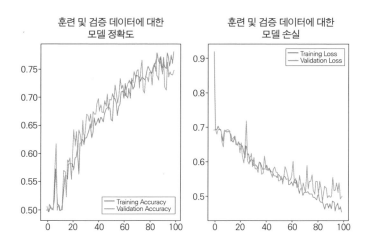

13장. CNN을 사용한 이미지 분류

이 모델을 나중에 사용할 수 있도록 다음과 같이 파일로 저장해보겠습니다.

| 200 | model_new.save('model.h5') |

그러면 다음 그림과 같이 model.h5 이름으로 파일이 생깁니다.

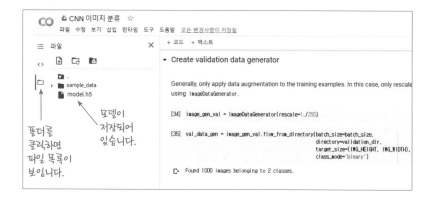

예측하기

이제 앞에서 만든 모델을 이용해 고양이 이미지를 '고양이'라고 예측하는지 확인해보겠습니다. 이를 위해 아래와 같이 파일을 업로드해야 합니다.

❶ 업로드 아이콘을 누릅니다.

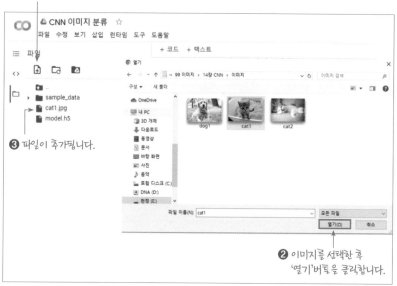

❸ 파일이 추가됩니다.

❷ 이미지를 선택한 후
'열기' 버튼을 클릭합니다.

이제 코드를 작성해볼까요? 아래와 같이 필수 패키지를 임포트합니다.

```
201   import keras.models
202   from keras.models import load_model
203   from keras.preprocessing import image
204   import matplotlib.pyplot as plt
205   import numpy as np
206   import os
207   import h5py
```

업로드한 이미지를 모델에 맞게 처리하도록 208번 코드에서 load_image 메소드를 정의했습니다. 211번 코드에서 이미지를 배열로 만들고, 212번 코드에서 expand_dims(img_tensor, axis=0)을 작성해 첫 번째 차원을 추가했습니다. 모델이 (batch_size, height, width, channels) 형상의 입력 데이터를 받기 때문이죠.

```
208   def load_image(img_path, show=False):
209
210      img = image.load_img(img_path, target_size=(150, 150))
211      img_tensor = image.img_to_array(img)
212      img_tensor = np.expand_dims(img_tensor, axis=0)
213      img_tensor /= 255.
214
215      if show:
216      plt.imshow(img_tensor[0])
217      plt.axis('off')
218      plt.show()
219      return img_tensor
```

앞에서 저장한 model.h5를 로딩하고, cat1.jpg를 사용해 예측을 해보 겠습니다. 고양이 이미지를 고양이로 인식한다면 성공한 것입니다.

```
220   if __name__ == "__main__":
221
222       model = tf.keras.models.load_model('model.h5')
223       img_path = 'cat1.jpg'
224       new_image = load_image(img_path, True)
225
226       pred = model.predict(new_image)
227       print(pred)
```

위 코드를 실행하니 입력으로 사용되었던 고양이 이미지가 보여지고,
[[-1.3653623]]이라는 결과가 나왔습니다. 고양이는 음수로 출력되므로
제대로 출력이 나온 겁니다.

[[-1.3653623]]

이제 다음과 같이 이미지 파일명을 dog1.jpg로 바꿔주고, 강아지 이미
지를 로딩해주었습니다.

```
228   if __name__ == "__main__":
229
230       model = tf.keras.models.load_model('model.h5')
231       img_path = 'dog1.jpg'
232       new_image = load_image(img_path, True)
233
234       pred = model.predict(new_image)
235       print(pred)
```

13장. CNN을 사용한 이미지 분류

코드를 실행하니 [[10.193304]]의 결과를 얻었습니다. 아하! 고양이는 음수로 결과가 나오고, 강아지는 양수로 나오는군요. 모델이 제대로 고양이와 강아지를 분류하는 것 같습니다.

[[10.193304]]

참고문헌

인간이 만든 지능, 인공지능

· Copeland, B.J.. "Artificial intelligence". Encyclopedia Britannica, https://www.britannica.com/technology/artificial-intelligence

· Artificail Intelligence, https://en.wikipedia.org/wiki/Artificial_intelligence

· Peter Norvig,Stuart Russell (2010). 《Artificial Intelligence: A Modern Approach (3rd Edition)》. Pearson Education

튜링 테스트

· Turing, Alan (October 1950), "Computing Machinery and Intelligence". Mind, LIX (236): 433-460

· Saygin, A. P., Cicekli, I., & Akman, V. (2000). "Turing test: 50 years later". Minds and Machines: Journal for Artificial Intelligence, Philosophy and Cognitive Science, 10(4), 463-518

· Turing Test, https://en.wikipedia.org/wiki/Turing_test

인공지능의 역사

· Artificail Intelligence, https://en.wikipedia.org/wiki/Artificial_intelligence

· The Dartmouth Workshop -- as planned and as it happened, http://www-formal.stanford.edu/jmc/slides/dartmouth/dartmouth/node1.html

· Papert, Seymour; Minsky, Marvin Lee (1988). 《Perceptrons: an introduction to computational geometry》. Cambridge, Mass: MIT Press

· McDermott, John (1980). "R1: An Expert in the Computer Systems Domain". Proceedings of the First AAAI Conference on Artificial Intelligence. AAAI'80

· Examples of Expert Systems, https://www.engineeringenotes.com/artificial-intelligence-2/expert-systems/examples-of-expert-systems-artificial-intelligence/35518

· Xcon, https://en.wikipedia.org/wiki/Xcon

· Xcon, https://wikizero.com/en/R1_(expert_system)

· Monty Newborn(2000). "Deep Blue's contribution to AI". Annals of Mathematics and Artificial Intelligence 28(1-4):27-30

· FORTUNE FOCUS | 초보 단계를 넘어선 왓슨(2017). https://www.sedaily.com/News-View/1OAXZ0QJJG, 서울경제

강인공지능과 약인공지능

· 골드만삭스 AI '워런', 애널리스트 15명이 4주 할 일 5분 만에 처리 (2019). https://magazine.hankyung.com/business/article/201912104061b, 한경
· 신년기획 : 로봇혁명, 미래를 바꾸다! (2015). https://news.kbs.co.kr/news/view.do?ncd=2996340, KBS
· 레이 커즈와일 (2007).『특이점이 온다』. 김영사
· 최윤식 (2016).『미래학자의 인공지능 시나리오 : AI 미래보고서』. 코리아닷컴
· Strong AI vs. weak AI, https://www.ibm.com/cloud/learn/strong-ai

인공지능, 머신러닝, 딥러닝

· Samuel, Arthur L. (1959). "Some Studies in Machine Learning Using the Game of Checkers". IBM Journal of Research and Development
· Geoffrey E Hinton, Simon Osindero, and Yee-Whye Teh (2006). "A fast learning algorithm for deep belief nets. Neural computation". 18(7):1527-1554
· Yann LeCun, Yoshua Bengio & Geoffrey Hinton (2015). "Deep learning". Nature 521, 436-444
· Wang, Haohan, Bhiksha Raj, and Eric P. Xing (2017). "On the Origin of Deep Learning." arXiv preprint arXiv:1702.07800
· AI vs. Machine Learning vs. Deep Learning vs. Neural Networks: What's the Difference?, https://www.ibm.com/cloud/blog/ai-vs-machine-learning-vs-deep-learning-vs-neural-networks

알파고

· 알파고 방대한 연산 능력 비밀은 (2016). ,https://m.etnews.com/20160310000138, 전자신문
· AI 지능은 "아직 흉내내는 수준" (2018). https://www.sciencetimes.co.kr/news/ai-지능은-아직-흉내내는-수준/, THE SCIENCE TIME
· "알파고를 만든" 강화 학습 이해하기(2019). https://www.itworld.co.kr/news/124052, ITWorld

IBM 왓슨

· Computer Program to Take on 'Jeopardy!', https://www.nytimes.com/2009/04/27/technology/27jeopardy.html?smid=url-share
· Hale, Mike (2011). "Actors and Their Roles for $300, HAL? HAL!". The New York Times.
· FORTUNE FOCUS | 초보 단계를 넘어선 왓슨(2017). https://www.sedaily.com/NewsView/1OAXZ0QJJG, 서울경제

객체 인식

· A Gentle Introduction to Object Recognition With Deep Learning, https://machinelearningmastery.com/object-recognition-with-deep-learning/
· How Face Recognition Works in a Crowd, https://kintronics.com/face-recognition-works-crowd/
· Face Id: Deep learning for face recognition, https://medium.com/@fenjiro/face-id-deep-learning-for-face-recognition-324b50d916d1

넷플릭스와 유튜브의 머신러닝

· Netflix, https://en.wikipedia.org/wiki/Netflix
· 넷플릭스 추천 시스템의 비밀: '노가다'와 '머신러닝', https://it.donga.com/23942
· How Does Netflix Use Artificial Intelligence (AI) and Big Data, https://www.youtube.com/watch?v=8M5n3uhWKHE
· Using Machine Learning to Improve Streaming Quality at Netflix, https://netflixtechblog.com/using-machine-learning-to-improve-streaming-quality-at-netflix-9651263ef09f
· Paul Covington, Jay Adams, Emre Sargin (2016). "Deep Neural Networks for YouTube Recommendations". Proceedings of the 10th ACM Conference on Recommender Systems, ACM
· 유튜브, AI 기술로 동영상 연령 제한 자동화 (2020). https://www.thedailypost.kr/news/articleView.html?idxno=76321, THE DAILYPOST
· 유튜브, AI 기술로 3개월간 폭력·저속 동영상 830만개 지웠다(2018), https://www.hankookilbo.com/News/Read/201804241893879961, 한국일보

머신러닝

· Intro to Machine Learning (ML Zero to Hero - Part 1), https://youtu.be/KNAWp2S3w94, Tensorflow
· Machine Learning, https://www.ibm.com/cloud/learn/machine-learning

훈련 데이터

- Iris flower data set, https://en.wikipedia.org/wiki/Iris_flower_data_set
- R. A. Fisher (1936). "The use of multiple measurements in taxonomic problems". Annals of Eugenics
- THE MNIST DATABASE of handwritten digits, http://yann.lecun.com/exdb/mnist
- Image Classification in 10 Minutes with MNIST Dataset, https://towardsdatascience.com/image-classification-in-10-minutes-with-mnist-dataset-54c35b77a38d

지도 학습

- Supervised and Unsupervised learning, https://www.geeksforgeeks.org/supervised-unsupervised-learning

비지도 학습

- Unsupervised Machine Learning, https://www.datarobot.com/wiki/unsupervised-machine-learning

강화 학습

- 강화 학습은 무엇이며, 어떻게 설정하고 해결해야 하는가?. http://www.aitimes.kr/news/articleView.html?idxno=14742

지도 학습 알고리즘

- List of Machine Learning Algorithms, https://www.newtechdojo.com/list-machine-learning-algorithms
- A Tour of Machine Learning Algorithms, https://machinelearningmastery.com/a-tour-of-machine-learning-algorithms
- Cortes, C.; Vapnik, V. (1995). "Support-vector networks". Machine Learning 20 (3): 273
- Fix, Evelyn; Hodges, Joseph L. (1951). "Discriminatory Analysis. Nonparametric Discrimination: Consistency Properties (Report)". USAF School of Aviation Medicine, Randolph Field, Texas
- J. R. Quinlan(1986). "Induction of decision trees". Machine Learning volume 1, pages 81-106
- Decision Tree Classification in Python, https://www.datacamp.com/community/tutorials/decision-tree-classification-python

· Breiman, L. (2001). "Random Forests". Machine Learning, 45, 5-32

· How the random forest algorithm works in machine learning, https://dataaspirant.com/random-forest-algorithm-machine-learing

· McCallum, A., & Nigam, K. (1998). "A comparison of event models for Naive Bayes text classification". In AAAI-98 Workshop on Learning for Text Categorization (pp. 41-48). CA: AAAI Press

· Naive Bayes classifier: A friendly approach, https://www.youtube.com/watch?v=Q8l0Vip5YUw

· M. A. Hearst, S. T. Dumais, E. Osuna, J. Platt and B. Scholkopf (1998). "Support vector machines," in IEEE Intelligent Systems and their Applications, vol. 13, no. 4, pp. 18-28

퍼셉트론

· Rosenblatt, Frank (1957). "The Perceptron—a perceiving and recognizing automaton". Report 85-460-1. Cornell Aeronautical Laboratory

· Perceptrons and Multi-Layer Perceptrons: The Artificial Neuron at the Core of Deep Learning, https://missinglink.ai/guides/neural-network-concepts/perceptrons-and-multi-layer-perceptrons-the-artificial-neuron-at-the-core-of-deep-learning

인공신경망

· Daniel G.G. (2013) Artificial Neural Network. In: Runehov A.L.C., Oviedo L. (eds) Encyclopedia of Sciences and Religions. Springer, Dordrecht. https://doi.org/10.1007/978-1-4020-8265-8_200980

· A. K. Jain, Jianchang Mao and K. M. Mohiuddin, "Artificial neural networks: a tutorial," in Computer, vol. 29, no. 3, pp. 31-44, March 1996, doi: 10.1109/2.485891.

· Deep Learning: Feed Forward Neural Networks (FFNNs), https://medium.com/@b.terryjack/introduction-to-deep-learning-feed-forward-neural-networks-ffnns-a-k-a-c688d83a309d

· Artificial neural network, https://en.wikipedia.org/wiki/Artificial_neural_network

· Deep Learning: Feedforward Neural Network, https://towardsdatascience.com/deep-learning-feedforward-neural-network-26a6705dbdc7

활성화 함수

· Understanding Activation Functions in Neural Networks, https://medium.com/the-theory-of-everything/understanding-activation-functions-in-neural-networks-9491262884e0

· Vinod Nair and Geoffrey Hinton (2010). "Rectified Linear Units Improve Restricted Boltz-
mann Machines". ICML'10: Proceedings of the 27th International Conference on Interna-
tional Conference on Machine Learning

· Goodfellow, Ian; Bengio, Yoshua; Courville, Aaron (2016). "6.2.2.3 Softmax Units for Multi-
noulli Output Distributions". Deep Learning. MIT Press. pp. 180-184

· Activation Functions in Neural Networks, https://towardsdatascience.com/activation-func-
tions-neural-networks-1cbd9f8d91d6

손실 함수

· A Gentle Introduction to Cross-Entropy for Machine Learning, https://machinelearningmas-
tery.com/cross-entropy-for-machine-learning/

· Keras API reference, https://keras.io/api

· Developing a streamlit-webrtc component for real-time video processing, https://towards-
datascience.com/cross-entropy-for-dummies-5189303c7735

· 5 Regression Loss Functions All Machine Learners Should Know, https://heartbeat.fritz.ai/5-
regression-loss-functions-all-machine-learners-should-know-4fb140e9d4b0

· L1 vs. L2 Loss function, http://rishy.github.io/ml/2015/07/28/l1-vs-l2-loss

오차역전파법

· Goodfellow, Ian; Bengio, Yoshua; Courville, Aaron (2016). "6.5 Back-Propagation and Oth-
er Differentiation Algorithms". Deep Learning. MIT Press. pp. 200-220

· Y. LeCun et al., "Backpropagation Applied to Handwritten Zip Code Recognition," in Neural
Computation, vol. 1, no. 4, pp. 541-551, Dec. 1989, doi: 10.1162/neco.1989.1.4.541

· Backpropagation-Algorithm For Training A Neural Network, https://www.edureka.co/blog/
backpropagation

경사하강법

· Sebastian Ruder (2016). "An overview of gradient descent optimisation algorithms". arXiv
preprint arXiv:1609.04747

· The Ascent of Gradient Descent, https://blog.clairvoyantsoft.com/the-ascent-of-gradient-
descent-23356390836f

· Machine learning : Gradient Descent, https://arshren.medium.com/gradient-de-

scent-5a13f385d403
- Machine Learning week 1: Cost Function, Gradient Descent and Univariate Linear Regression, https://medium.com/@lachlanmiller_52885/machine-learning-week-1-cost-function-gradient-descent-and-univariate-linear-regression-8f5fe69815fd

옵티마이저

- Sebastian Ruder (2016). "An overview of gradient descent optimisation algorithms". arXiv preprint arXiv:1609.04747
- Overview of different Optimizers for neural networks, https://medium.com/datadriveninvestor/overview-of-different-optimizers-for-neural-networks-e0ed119440c3

과대적합과 과소적합

- Definition of Overfitting by Oxford Dictionary, https://www.lexico.com/definition/overfitting
- Overfitting, https://en.wikipedia.org/wiki/Overfitting
- Overfitting and Underfitting, https://machinelearningmastery.com/overfitting-and-underfitting-with-machine-learning-algorithms

하이퍼파라미터

- Deep Learning Lecture 3: Hands-On in the Playground, https://www.youtube.com/watch?v=ru9dXF04iSE
- Hyper-parameter Tuning Techniques in Deep Learning, https://towardsdatascience.com/hyper-parameter-tuning-techniques-in-deep-learning-4dad592c63c8

가중치 규제

- Anders Krogh and John A. Hertz (1992). "A Simple Weight Decay Can Improve. Generalization". NIPS'91: Proceedings of the 4th International Conference on Neural Information Processing Systems, pp 50-957
- How to Use Weight Decay to Reduce Overfitting of Neural Network in Keras, https://machinelearningmastery.com/how-to-reduce-overfitting-in-deep-learning-with-weight-regularization

드롭아웃

· Srivastava NHinton GKrizhevsky A et al.(2014). "Dropout: A simple way to prevent neural networks from overfitting". Journal of Machine Learning Research (2014) 15 1929-1958

학습 조기 종료

· Prechelt L. (2012). "Early Stopping — But When?". In: Montavon G., Orr G.B., Müller KR. (eds) Neural Networks: Tricks of the Trade. Lecture Notes in Computer Science, vol 7700. Springer, Berlin, Heidelberg. https://doi.org/10.1007/978-3-642-35289-8_5

딥러닝

· Schmidhuber, J. (2015). "Deep Learning in Neural Networks: An Overview". Neural Networks. 61: 85-117. arXiv:1404.7828

· Oludare Isaac Abiodun, et al. (2018). "State-of-the-art in artificial neural network applications: A survey". Heliyon, Volume 4, Issue 11, November 2018

· Why Deep Learning over Traditional Machine Learning?, https://towardsdatascience.com/why-deep-learning-is-needed-over-traditional-machine-learning-1b6a99177063

· CNN vs. RNN vs. ANN-Analyzing 3 Types of Neural Networks in Deep Learning, https://www.analyticsvidhya.com/blog/2020/02/cnn-vs-rnn-vs-mlp-analyzing-3-types-of-neural-networks-in-deep-learning

합성곱 신경망

· LeCun et al. (1989). "Backpropagation Applied to Handwritten Zip Code Recognition," Neural Computation, 1, pp. 541-551

· Yamashita, R., Nishio, M., Do, R.K.G. et al. (2018). "Convolutional neural networks: an overview and application in radiology". Insights Imaging 9, 611-629

· Alex Krizhevsky, Ilya Sutskever, Geoffrey E. Hinton(2012). "ImageNet Classification with Deep Convolutional Neural Networks". Advances in neural information processing systems 25, 1097-1105

· A Comprehensive Guide to Convolutional Neural Networks, https://towardsdatascience.com/a-comprehensive-guide-to-convolutional-neural-networks-the-eli5-way-3bd-2b1164a53

순환신경망

- Hochreiter, Sepp; Schmidhuber, Jürgen (1997-11-01). "Long Short-Term Memory". Neural Computation. 9 (8): 1735-1780
- Illustrated Guide to LSTM's and GRU's: A step by step explanation, https://towardsdatascience.com/illustrated-guide-to-lstms-and-gru-s-a-step-by-step-explanation-44e9eb85bf21
- MIT 6.S191 (2020): Recurrent Neural Networks, https://www.youtube.com/watch?v=SEnXr6v2ifU
- Recurrent Neural Networks, https://towardsdatascience.com/recurrent-neural-networks-d4642c9bc7ce

찾아보기

가나다순

✿

알파벳순

⚙

코딩책과 함께 보는
인공지능 개념 사전

1판 1쇄 펴냄 2021년 10월 5일
1판 2쇄 펴냄 2024년 1월 25일

지은이 김현정

주간 김현숙 | **편집** 김주희, 이나연
디자인 이현정, 전미혜
영업 백국현(제작), 문윤기 | **관리** 오유나

펴낸곳 궁리출판 | **펴낸이** 이갑수

등록 1999년 3월 29일 제300-2004-162호
주소 10881 경기도 파주시 회동길 325-12
전화 031-955-9818 | **팩스** 031-955-9848
홈페이지 www.kungree.com | **전자우편** kungree@kungree.com
페이스북 /kungreepress | **트위터** @kungreepress
인스타그램 /kungree_press

ⓒ 김현정, 2021.

ISBN 978-89-5820-742-9 03560